如果将各色的集团酒店比作百货商场的话，那么精品酒店就是专门出售某类精品的小型专业商店了。

——精品酒店创始人 IanSchrager

Originated from stable and matured economy and long-term accumulated cultural background, boutique hotels are de-normalized products which are opposite to the standardization and duplication of mass-market hotels. Boutique hotel has now become the fashion icon in China's hospitality industry. Many large hotel management groups begin to enter into this market and boutique hotel has become the new development trend in domestic hotel industry.

According to LanSchrager, one of the founders of boutique hotels, "If grand hotels are compared to department stores, then boutique hotels are small specialized shops providing particular competitive products." Compared with traditional hotels, boutique hotels are much smaller, and they are often recreated from traditional hotels or old-fashioned buildings, with a unique hotel environment to offer guests personalized hotel products and services. Boutique hotels used to rely on their sophisticated taste and personalized style to attract guests.

Boutique hotels which reflect a region's history, culture and characteristics usually take the most stylish and avant-garde creative design and artistic aesthetics to create their personality. From hotel appearance design, to artistic accessories in the lobby, furniture arrangement in the guestroom and even the small doorbell, every detail is dominated by culture, personality and style. Boutique hotels can include modern metropolitan's vogue color, serving as city's distinctive landmark. They can also adorn the picturesque natural landscape, reflect the region's profound customs and serve as a beautiful landscape.

Currently, boutique hotels in China lay great stress on the originality of design. A good design doesn't mean to plagiarize but to inherit and develop a former design, making it adapt to social development requirements. Boutique hotels are welcomed for their uniqueness. The originality is the first and foremost condition that makes them different from other hotels. From the above, boutique hotels design should not blindly follow popular fashion or copy current popular designs, but capture the personality, doing original and customized design for

Asia Boutique Hotels

唐艺设计资讯集团有限公司　策划
广州市唐艺文化传播有限公司　编著

印象东方 下

亚洲高端精品酒店

天津大学出版社
TIANJIN UNIVERSITY PRESS

图书在版编目（CIP）数据

印象东方：亚洲高端精品酒店：全2册 / 广州市唐艺文化传播有限公司编著. -- 天津：天津大学出版社，2013.10
ISBN 978-7-5618-4818-0

Ⅰ.①印… Ⅱ.①广… Ⅲ.①饭店-建筑设计-亚洲-图集 Ⅳ.①TU247.4-64

中国版本图书馆CIP数据核字(2013)第244825号

责任编辑　郝永丽
装帧设计　肖　涛
文字整理　王　燕
流程指导　陈小丽
策划指导　黄　静

印象东方——亚洲高端精品酒店（下）

出版发行　天津大学出版社
出 版 人　杨欢
地　　址　天津市卫津路92号天津大学内（邮编：300072）
电　　话　发行部 022-27403647
网　　址　publish.tju.edu.cn
印　　刷　恒美印务（广州）有限公司
经　　销　全国各地新华书店
开　　本　240mm×280mm
印　　张　47.5
字　　数　545千
版　　次　2014年1月第1版
印　　次　2014年1月第1次
定　　价　698.00元

凡购本书，如有质量问题，请向我社发行部门联系调换

前 言

度假酒店以接待休闲度假游客为主，与一般城市酒店不同，度假酒店选址大多在滨海、山野、林地、峡谷、乡村、湖泊、温泉等自然风景区附近，远离市区，而且分布很广，辐射范围遍及全国各地，向旅游者传达不同区域、不同民族丰富多彩的地域文化、历史文化等。

度假酒店的经营季节性强，对酒店区域内的环境设计要求高，要求娱乐设施的配套完善，讲究人与自然的充分融合。度假酒店要充分利用板块的优势资源进行选址，如大海、湖泊、山林等，并根据酒店的功能需要进行合理布局。在建筑风格方面，首先要传达酒店的信息，着力彰显地域文化，充分吸纳当地的建筑风格，体现地域特征与文化气质，强调与周围环境的有机融合。休闲项目是度假酒店的另一项核心内容，对于提高度假酒店吸引力、丰富住客的度假体验具有不可替代的作用。休闲项目的设计以核心目标市场的休闲需求为核心，用特色手法演绎大多数酒店所具备的常规性休闲活动，充分利用当地的环境，努力体现当地的资源特色。

商务酒店的概念及其内涵与外延的确定本身就是历史的、动态的，它随着商务旅游市场需求的变迁以及产业供给的创新活动而不断加以修正。商务酒店根据自身的客观情况定位，为不同的商务人群提供有针对性的服务，是在经济型酒店基础上提高了一个档次的业态。

商务酒店在基础设施上与传统高档酒店不相上下，所不同的是其服务的对象更具针对性，提供的服务内容更具纯粹性。为了充分满足现代商务人士工作、生活、休闲三方面与商务活动及时协调的需要，商务酒店无论在产品设计上还是在专业服务上，都围绕"商务"的核心要求进行运作。

本书选取了48个亚洲高端酒店项目，分上、下两册，上册为高端精品酒店，下册为高端度假酒店和商务酒店。

在编排上，我们根据当下每种类型酒店的主要开发设计方向，将其划分为本土文化的传承与创新、最大化利用自然景观资源、地域特色与异域风情的融合、新颖独特的设计概念与主题4个类别，以详细的文字说明、高清的图片资料以及独特的版式设计，展示其独特而多样化的设计，揭示其背后所蕴藏的深厚的文化底蕴，为设计师提供全面而多样的演绎方式与参考，启发国内精品酒店设计行业的创新设计思维。

目 录

度假酒店

本土文化的传承与创新

P014
黄山雨润涵月楼度假酒店

P028
泰国苏梅岛康莱德酒店

P040
泰国普吉岛攀瓦角丽晶酒店

P058
泰国普吉岛双棕榈树酒店

P070
印度尼西亚巴厘岛丽晶酒店

地域特色与异域风情的融合

P088
三亚海棠湾凯宾斯基酒店

P124
三亚御海棠豪华精选度假酒店

P136
西双版纳避寒皇冠假日度假酒店

P158
越南洲际岘港阳光半岛度假酒店

P182
马尔代夫都喜天阙度假村

P192
阿布扎比萨迪亚特岛瑞吉酒店

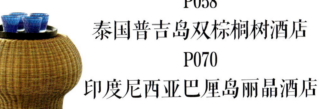

目 录

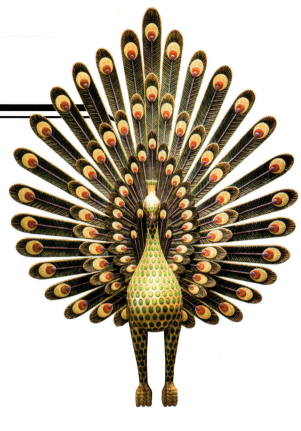

新颖独特的设计概念与主题

P202

清远狮子湖喜来登度假酒店

P214

湖州喜来登温泉度假酒店

P230

巴厘岛金巴兰艾美酒店

最大化利用自然景观资源

P248

泰国KC格兰德度假村酒店

P260

泰国苏梅岛瓦娜贝莉豪华精选度假酒店

P276

泰国普吉岛阿维斯塔世外桃源度假村

P288

马尔代夫维斯莱度假村

P304

阿布扎比柏悦酒店

P320

巴厘岛乌鲁瓦图安纳塔拉水疗度假村

目 录

商务酒店

本土文化的传承与创新
P334
日本东京皇宫酒店

新颖独特的设计概念与主题
P352
广州W酒店
P366
广州四季酒店
P384
深圳摩登克斯酒店
P394
东莞大象酒店

Visit the top Resort Hot...

tasting east Asia resort hotels
度假酒店

随着人们生活水平的不断提高,游客在度假酒店的环境氛[围…]此,营造度假酒店外在的、有形的景观与内在的地域文化[成…]

本土文化的传承与创新

与精品酒店一样,成功的度假酒店设计不仅要满足其使用功[能…]重要的是能依附于其深厚的地域文化与历史价值,找到更[…]来,从中发掘这个酒店以及这座城市深厚的人文精神,丰富[…]

地域特色与异域风情的融合

文化是根,在度假酒店设计领域同样如此。酒店设计既要有[…]域独有的文化特征,创造性地研究和发展本土文化,又要注[…]或多种地域特色,在协调中做到丰富多彩、和而不同。

新颖独特的设计概念与主题

随着个性化时代的到来,主题和创意成为酒店设计的关键[…]念,来体现酒店的个性与特色。凡属艺术领域与文化领域的[…]出一种无法模仿和复制的独特魅力与个性特征,集独特性、[…]住客带来感官的刺激。

最大化利用自然景观资源

由于其独有的地理位置与客户需要,度假酒店的设计与城市[…]身退居其次,这种外向性的规划设计要求设计师在选址时充[…]同时可根据地域的自然与气候条件,利用丰富的植物资源,[…]

中文化附加价值中越来越能够得到满足和实现自我价值。因
为酒店设计的重要内容。度假酒店同样可分为4个类型。

能的需要，高端、豪华、设计新颖、有创意的酒店标准，更
深层次的设计内涵，把每个地域所独有的韵味与设计联系起
主客的精神与情感体验。

意识地融合多地区的文化，继承地方建筑文化传统，提炼地
意吸收世界文化的精髓，在突出地方个性的同时表现出两种

点。与精品酒店一样，度假酒店设计借某一特定的主题与概
概念都可成为酒店的主题所在。度假酒店围绕某种主题营造
创意性、文化性和体验性于一体，在休闲度假的基础上，为

酒店的设计刚好相反，外在环境成为设计的主体，而建筑本
分考虑周边环境，使酒店成为载体，使环境成为主体对象。
创造有特色的休闲度假环境。

Originated from stable and matured economy, boutique hotels are de-normalized products duplication of mass-market hotels. Boutique hospitality industry. Many large hotel boutique hotel has become the new development

According to LanSchrager, one of the compared to department stores, then boutique particular competitive products." Compared smaller, and they are often recreated from unique hotel environment to offer guests hotels used to rely on their sophisticated taste

Boutique hotels which reflect a region's most stylish and avant-garde creative design from hotel appearance design, to artistic the guestroom and even the small doorbell, and style. Boutique hotels can include distinctive landmark. They can also adorn profound customs and serve as a beautiful

P014 黄山雨润涵月楼度假酒店
P028 泰国苏梅岛康莱德酒店
P040 泰国普吉岛攀瓦角丽晶酒店
P058 泰国普吉岛双棕榈树酒店
P070 印度尼西亚巴厘岛丽晶酒店

之 本土文化的传承与创新

Hanyuelou Villa Resort, Huangshan

黄山雨润涵月楼度假酒店

（关键词：徽州村落风情、依山顺水）

项目秉承皖南地区徽文化历史的文脉，采用自然村落的聚合形态，利用徽派建筑的传统村落民居元素，创造了颇具徽州聚落特征的现代村落。同时依托周边丰富的自然景观，建立一个拥有徽州文脉、自然山水景观的高生活品位的优质度假场所。

项目概况 黄山雨润涵月楼度假酒店位于黄山市屯溪国际机场南侧,交通便利,地理条件优越。场地周围有五星级高尔夫球场、高档别墅、卡丁车场、文化艺术中心等综合设施,功能齐备,是黄山市旅游业发展的核心区域和项目之一。

酒店集度假、餐饮、娱乐、休闲、养生、购物和住宿为一体,兼顾秉承黄山地区徽文化历史的文脉,同时依托丰富的自然和文化资源,是一个拥有自然山水景观的休闲度假场所。酒店内共包含99套客房,计105个客房单元,属一级旅馆建筑。

业主：江苏雨润集团
项目地点：安徽黄山屯溪区迎宾大道78号
占地面积：157 259平方米
建筑面积：16 168平方米
设计单位：上海秉仁建筑师事务所
供稿单位：上海秉仁建筑师事务所
采编：盛乃宁

徽派村落——传统符号

项目设计以徽派自然村落的聚合形态为灵感，利用村落元素——牌坊、亭台、水巷与错落的单元布局，创造了独具徽州聚落特征的现代村落式酒店。

客房单元造型采用徽州民居典型的造型元素，八字门楼、石雕漏窗、徽砖瓦、马头墙、隔扇窗等，塑造出原汁原味的徽州院落。景观设计运用院落、园林、亭台、月洞门、青砖铺地、庭园植栽等中式元素营造出富有中式风格的居住空间，白墙、黑瓦、马头墙更赋予其徽派民居的神韵。

结合酒店的服务流线、后勤流线、景观休闲流线，将道路的形式结合组团的形态、整体景观构架、地形起伏等因素，于道路节点上设置具有徽州村落特色的牌坊、植栽，以使自然的村落形态成为酒店道路的人文景观。

水域景观——徽州水文形态

宏村南湖的四时丰姿,半月池的倒影,巷间蜿蜒的水道,在项目的水景观架构中,均折射出流传于徽州民居中丰富的水文化形态。

取水于自然、环水以区隔、聚水为景致,集中水域、环水带、门前水渠、庭院水景以不同形态构成酒店的水域层次,并与构筑物相辅相成,平添灵韵。

布局形态——依山顺水

中心区域以对称景观为特征，集接待、休闲、餐饮等酒店配套服务为一体。三个村落形态的酒店客房单元组团分布在中心的东、西、南侧。各区域依山形水势各具特点，区域间以水域区隔，以节点景观过渡，形成既相对独立又有机相连的独特形态。中心景观轴呈园林式布局，依山就势，景观层叠递进，于至高处达到高潮。连通的水域一方面延续徽州民居的水文化，另一方面形成组团的自然分隔。

空间景观结构遵循"一中心、三组团"的原则。结合自然水势与山形，形成各具特色的小区域景观，区域间的景观联系与分隔也成为设计的重点。

中心区域结合建筑的形态，形成庭院广场水域的开合递进，于景观节点中设置坊、亭、塔、廊等元素，使视觉景观逐步展开。与山形的结合更使中心景观秩序清晰，视觉层次丰富。

组团形态从村落入口前的牌坊到门前蜿蜒的水道，呈错落式布局，集中水域、半月池与景观塔、亭的布局，映衬出印象中的徽州民居聚落。

竖向设计与土方工程原则

由于项目的丘陵地带集中于南侧及西北侧,局部坡度较陡,故道路的开挖将产生一定的土方,而客房单元的建造尽量利用原始地形,中心服务区集中于山坡南侧、北侧,依山就势,尽量减少开挖与对地貌的破坏。总体竖向与土方设计原则如下。

充分结合原有的自然山水条件、地形地貌,使建筑与周围环境融为一体,并注意区分不同区位的土地价值进而组织规划设计。

利用基地的最佳景观面与地貌特征来排布建筑物,尽量使度假酒店的休闲餐饮用房和所有客房单元面向最佳景观。

结合陡峭的地形,在保证道路通达性的前提下,力求简洁,减少对自然山坡的开挖。在一些临水且景观视角较佳的位置,适当填方改变其地势的坡度,优化局部环境,以建造一些富有特色的低层景观生态住宅。

在山脊上,结合人工休闲设施,局部根据需要填方,用以保持山脊轮廓高低起伏、富于变化的天际线。在一些道路落错较大的地方适当填土,以缓和其坡度。

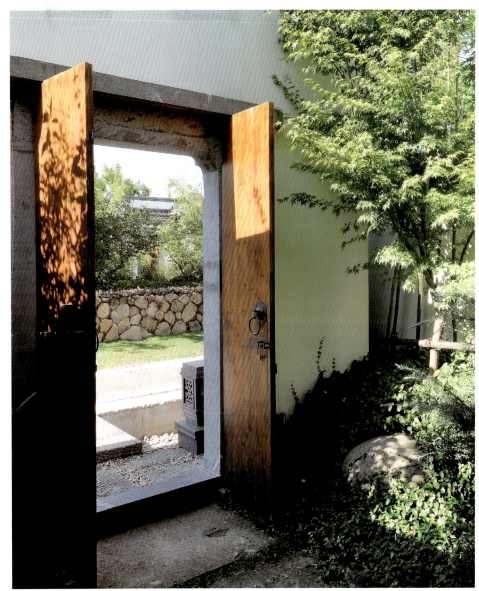

Conrad Koh Samui Resort & SPA

泰国苏梅岛康莱德酒店

（关键词：浪漫泰式风格、海岛风光）

泰国苏梅岛康莱德酒店采用传统的泰式风情设计，大坡屋顶、金箔装饰，并从岛上就地取材，天然而生态，同时，融入周边海岛风光，打造出和谐而浪漫的东南亚风情酒店。

业主：Warnes Associates Co., Ltd.
项目地点：泰国苏梅岛
建筑设计：意柯建筑设计
室内设计：威尔逊事务所
主要材料：面料、金箔、石材、软包
摄影：苏梅岛康莱德酒店
采编：汤雯蕾

项目概况 苏梅岛康莱德酒店掩映在茂密的植被中间，设计中融入泰国本地文化。酒店共有80栋带私人游泳池和甲板的独立别墅，包括65栋一居室别墅、14栋两居室别墅和1栋皇家别墅。所有别墅都矗立在悬崖上，俯瞰着暹罗湾碧蓝的水域。此外，酒店还有三个概念餐厅、一间休息室和一个私人酒窖。

本土风情——浪漫泰式

接待亭栖息在悬崖一边架空的高台上，给人一种天堂般的感觉。接待亭采用了泰国传统屋顶优雅的形态和奢华的金箔装饰。

Jahn泰国风味餐厅同样位于悬崖边缘。餐厅的独立结构栖息在悬崖一面的高台上，内部共有24个餐位。这是一个神秘而又现代的暗色空间，泰国传统的金箔图案反复出现在餐厅内的柱廊上，为空间增添了一丝亮色。摇曳的烛光和黑金色调营造出一种魔幻而又浪漫的氛围。

卧室和浴室直接延伸至户外的甲板和10米长的私人无边游泳池。室内设计充分展示了现代的泰国本土元素与图案，同时从岛上就地取材，包括木材、石料和织物，以求打造符合当地环境的和谐、优雅的酒店风格。

特色设计

别墅里最大的特色莫过于宽敞的浴室。受SPA设计的启发,浴室的正面完全采用玻璃打造,户外是甲板和游泳池。浴室里的大理石地板花纹复杂,其灵感来源于Jim Thompson经典的染织图案。梳妆台和独立浴缸精心布置在空间内,增添了一种温暖而又奢华的氛围。

Zest全天候餐厅由两个部分组成:独立的餐厅建筑和宽敞的户外平台。从餐厅的户外平台可以俯瞰整个酒店建筑以及远处暹罗湾的壮美景色。美食图书馆是餐厅的一大特色,各种各样的小点心被展示在各个冷藏陈列柜中,形成蔚为壮观的美食墙。

Regent Phuket Cape Panwa

泰国普吉岛攀瓦角丽晶酒店
（关键词：宗教风格、泰式文化）

酒店受到普吉岛浓郁的地域文脉影响，采用泰国传统的宗教建筑风格，使用多层屋顶、佛塔式的尖塔、鱼鳞状的玻璃瓦顶等具有鲜明暹罗建筑艺术特点的酒店立面，利用藤与木等当地材料，将泰国质朴的风土人情表现得淋漓尽致。

项目概况 普吉岛攀瓦角丽晶酒店坐落在宁静优美的攀瓦海角，攀瓦角位于普吉岛的南部，面向安达曼海及其周边岛屿。酒店俯瞰蔚蓝的安达曼海，隐蔽的湾岸、洁白纯净的细沙、碧蓝的印度洋海水，是潜水的胜地。距离机场仅45分钟车程，距离普吉岛镇仅15分钟车程。

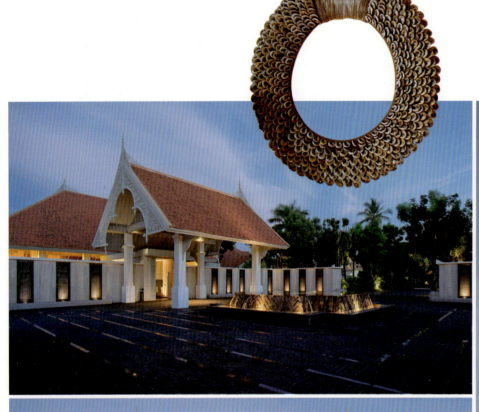

项目地点：泰国普吉岛
项目面积：71 184.2 平方米
设计公司：Blink Group
景观设计：Green Architects
采编：汤文蕾

泰式元素——传统风情

酒店延续了泰国传统的宗教建筑风格，多层屋顶、高耸的尖塔，用木雕、金箔、瓷器等装饰，佛塔式的尖塔直插云霄，鱼鳞状的玻璃瓦顶，灿烂而辉煌。酒店立面具有鲜明的暹罗建筑艺术特点。

项目地处热带，装饰材料多就地取材，多采用藤与木等能营造清凉、舒适感觉的材料。家具采用两种以上不同材料混合纺织制成。藤条与木片、藤条与竹条等采用当地传统编织手法制作使家具变成了一件手工艺术品，将普吉岛的风土人情融入空间设计中。

酒店设施

酒店通过精心设计与周边的环境和谐共生。酒店共有105间客房，其中22个宽敞精致的私人馆和48套套房带有私人阳台，尽享攀瓦湾美丽的景色。酒店的35栋池畔私人别墅均带有私人户外阳台，阳光躺椅和宽敞的甲板让客人尽享远处海洋美景，奢华而私密。

酒店的餐饮设施包括The Grill餐厅、 The Grill Lounge 酒吧、The Library 酒吧、The Beach Table 户外餐厅和丽晶俱乐部。丽晶水疗中心提供单人和双人治疗房，其灵感来源于海洋生物，并以珊瑚、贝壳等饰品完善温暖、自然的木质地板。

Twinpalms Phuket

泰国普吉岛双棕榈树酒店

（关键词：热带水上花园、可持续理念）

酒店延续热带岛国的建筑特点，明朗简洁的建筑线条与宁静优雅的周边环境完美相融，空间设计时尚前卫又富有热带岛国的民族特色。同时做到景观构建风格与自然环境和谐相融，打造令人惊讶的水上花园。

项目概况 酒店位于沿海一个宁静怡人又别具一格的绿洲之中,是普吉岛西海岸一处奢华优雅、令人向往的度假之所。酒店距离著名的苏林海滩仅175米,坐落在素有"百万富翁区"美名的高档区域。这里安静迷人,风景如画,是普吉岛最为美丽恬静的热带沙滩。

酒店设施

酒店设有97间豪华宽敞的客房,其中包括阁楼公寓(Penthouse)、套房和其他客房。每间客房都有棕榈环绕盖顶,拥有私人阳台和令人神清气爽的泳池景观。设计师采用精湛绝妙的设计手法打造了21间别具一格的奢华公寓。强烈的平行线条搭配精简的装饰,分外引人注目。复式套房带有双倍层高设计的门厅和起居室,在本地特色的精巧艺术装饰品的映衬下,更富现代泰国的浓厚文化气息。阳台、花园泳池景观以及静谧的热带环境。设施完备的浴室享有落地窗和私人花园景观,是现代和热带风格的完美结合。

热带风情——简洁线条

酒店精心打造水生园林景观,如同一座当代的伊甸园。延续热带国度的建筑特点,室内现代建筑风格和热带景观设计相得益彰,时尚浪漫;明朗简洁的建筑线条与宁静优雅的周边环境完美相融,匠心独具,处处彰显设计师生态和谐自然的设计理念和审美宗旨。

酒店餐厅的设计很吸引人,最令人瞩目的是墙上的棕绿色的装饰和别致的吊灯,整个空间以老木茶色为主,与周围环境、直射灯光、玻璃,木质家具以及其他装饰品相辉映,营造出独特的灯光效果和神秘感,时尚前卫又富有热带岛国的民族特色。

景观设计——水上花园

酒店设计的宗旨是将酒店的景观设计融入自然,以"现代热带丛林"设计和景观美化融合成令人惊叹的水上花园,最终呈现一个美丽、平静,充满现代浪漫气息的住宿环境。

设计目标力求做到景观构建风格与自然环境的和谐相融。所有客房均享有园林景观,从宽敞的浴室可以欣赏私人花园景观。这一审美宗旨使酒店成为时尚和浪漫的美妙结合。同时明朗简洁的建筑线条与宁静优雅的周边环境完美相融,别具一格。

业主:Swedish Private Investment
项目地点:泰国普吉岛
建筑设计:Mr. Martin Palleros
景观设计:Mr. Martin Palleros
室内设计:Ms. Robin Jertjun Lourvanij, Mrs. Ning Binbin, Mr Peter Tiong
采编:吴孟馨

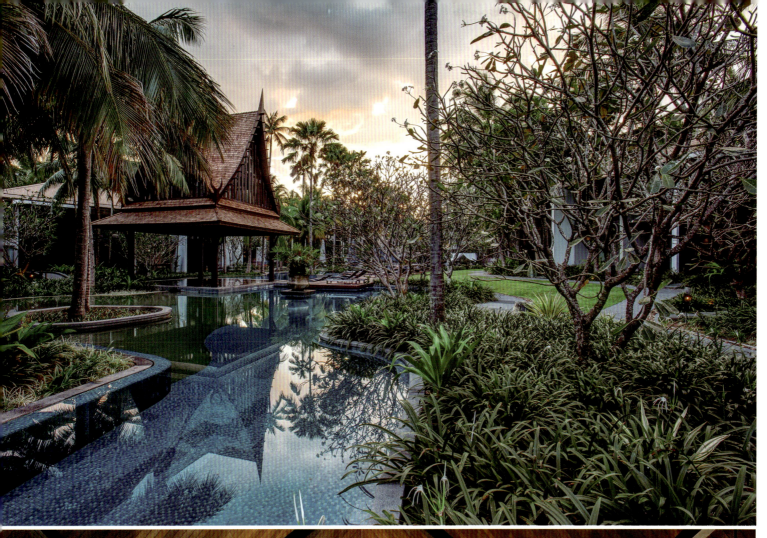
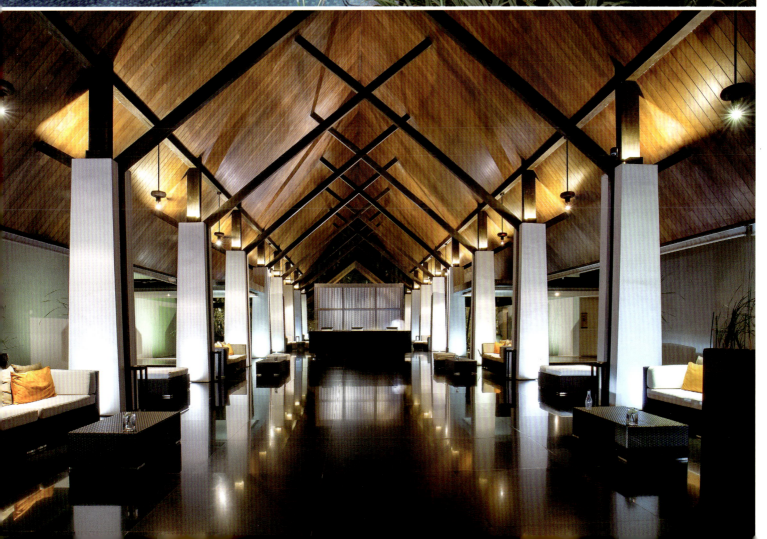

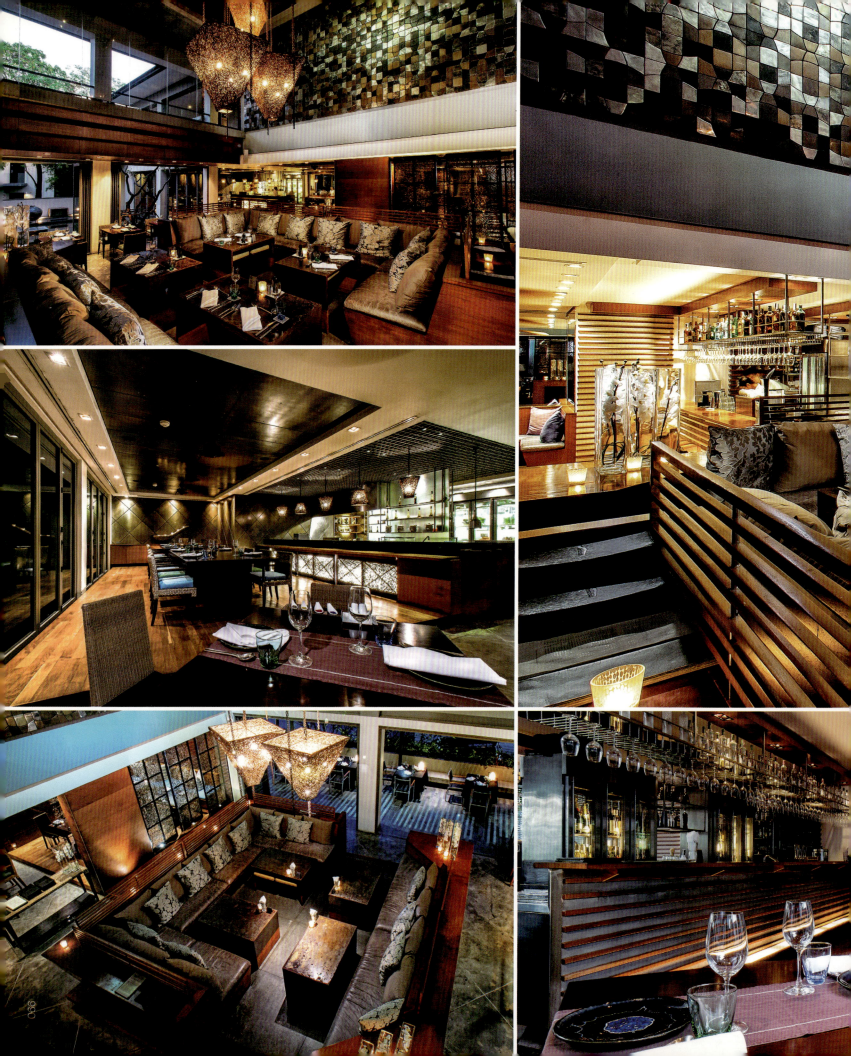

Regent Bali

印度尼西亚巴厘岛丽晶酒店

（关键词：传统定制工艺、艺术飞地）

巴厘岛丽晶酒店展现了当地传统与恒久雅致的完美结合，空间中采用当地的艺术品作为装饰，以个性的描述方式营造出独特而具巴厘岛魅力的空间，渲染了艺术氛围，极具印度尼西亚风情。

项目概况 酒店坐落在巴厘岛沙努区东部海岸线上，长期以来以其丰富的传统文化和旅游景点吸引了大批游客。巴厘岛当地语言和梵文铭记的古老石碑展示了这片海滨沙滩丰富的历史。沙努尔只是一个小小的渔村，到了20世纪20年代后期，这里发展成为当地文化和艺术的中心，吸引了大批著名的艺术家和知识分子在海边小镇定居下来，成为一块艺术的飞地。

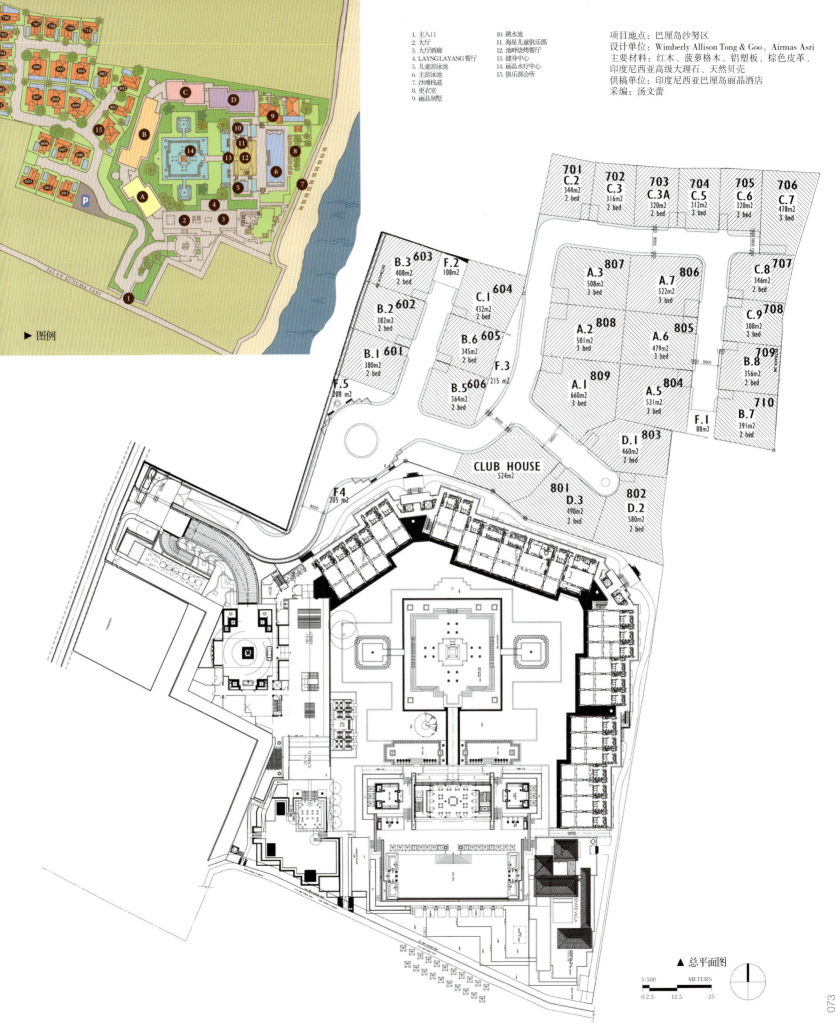

酒店设施

巴厘岛丽晶酒店坐拥十英亩的热带花园、94间奢华套房、一栋丽晶海滩别墅、25处丽晶住宅、一个水疗中心和两家特色餐厅。94间套房巧妙地融合了文化和舒适,除了90平方米的豪华套房,还有拥有独立治疗房、面积为181平方米的顶级水疗套房。

传统元素——工艺定制

酒店设计尊重当地传统与人文艺术,建筑材料皆采用当地原材料,如高级印尼大理石、天然贝壳、当地产红木等。

空间设计刻意避开巴厘岛度假胜地惯用的木材和水磨石组合,以个性的描述方式营造了一种独特的空间感。客房内的装潢极具印尼当地特色。朴实的米色和棕色搭配温暖的灰色,与周边的滨海景观完美地融合在一起。青铜、黄铜和金属装饰为室内注入新的肌理和内涵。皇室家族秘传的传统蜡染花纹Kawung经过设计师重新诠释被反复运用到空间内,成为屏风、花格、瓷砖和天花浮雕上的装饰图案。家居的定制装饰以当地手工艺术家创作的石制品或木制艺术品为主。

受银光闪闪的海洋的启发,浴室内的墙壁采用当地亚光大理石,地板使用手工烧制的釉面砖。一面纯手工打造的贝壳浮雕特色墙突出了酒店室内空间的航海主题和定制的工艺。

NOTES

丽晶酒店是一个全球性的豪华酒店品牌，其产品包括酒店、度假村、住宅和游轮。2010年，丽晶品牌回归亚洲，被台北丽晶集团收购。丽晶酒店及度假村酒店目前已覆盖北京、柏林、普吉岛、新加坡、台北、特克斯和凯科斯群岛等城市。

▼ 豪华套房 92平方米

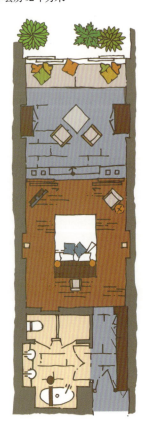

▼ 带两张单人床的豪华套房 92平方米

▼ 顶级水疗套房 184平方米

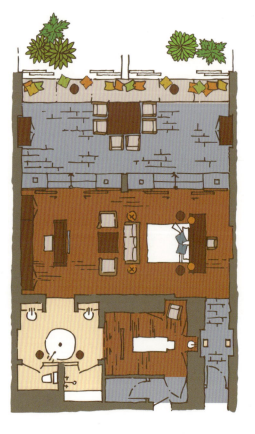

▼ 顶级套房138平方米

▼ 豪华水疗套房160平方米

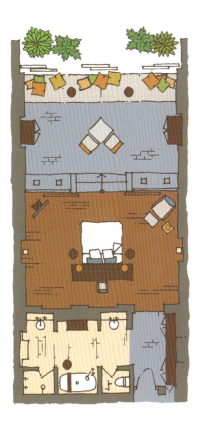

P088 三亚海棠湾凯宾斯基酒店
P124 三亚御海棠豪华精选度假酒店
P136 西双版纳避寒皇冠假日度假酒店
P158 越南洲际岘港阳光半岛度假酒店
P182 马尔代夫都喜天阙度假村
P192 阿布扎比萨迪亚特岛瑞吉酒店

度假酒店
地域特色与异域风情的融合

Kempinski Hotel Haitang Bay, Sanya

三亚海棠湾凯宾斯基酒店

（关键词：中西融合、运河交通系统）

三亚海棠湾凯宾斯基酒店以中式传统建筑为根基，立面采用合院式建筑风格，低调而奢华，同时融入高贵典雅的欧式装饰风格，并通过合理的交通流线规划与布局，设计出充满特色的运河交通流线。设计把海棠湾与蜈支洲岛迷人的滨海风光引入每个客房内，从而使外表传统严肃的中式建筑呈现出休闲度假的氛围。

项目概况 三亚海棠湾凯宾斯基酒店位于三亚市海棠湾国际休闲度假区的核心地带,是规划中的世界顶级酒店的聚集区。该地块西面是滨海景观大道,东面临风景迷人的海棠湾,与蜈支洲岛隔海相望,南面是规划中的海洋公园和蜈支洲岛码头。地块交通景观优势明显。

业主:海南开维集团有限公司
项目地点:海南省三亚市海棠湾国际休闲度假区
占地面积:160 969平方米
建筑面积:66 552平方米
设计单位:浙江东南建筑设计有限公司
供稿单位:开维·三亚海棠湾凯宾斯基酒店、浙江东南建筑设计有限公司
采编:谢雪婷、黄静

◀ 酒店景观平面图

▲ 酒店总平面图

1. 入口棕榈树阵
2. 标志景墙
3. 警卫室
4. 酒店落客站
5. 高尔夫球场
6. 酒店SPA
7. 缤纷叠水
8. 水中植栽
9. 人工运河
10. 无边泳池
11. 酒店SPA及观景塔
12. 凉亭
13. 水中平台
14. 阳光浴场
15. 水吧
16. 儿童泳场
17. 无极泳池
18. 酒店私家泳池
19. 更衣室
20. 火炬
21. 中央大草坪
22. 沙滩
23. 海防林
24. 灯塔
25. 沙滩栈道

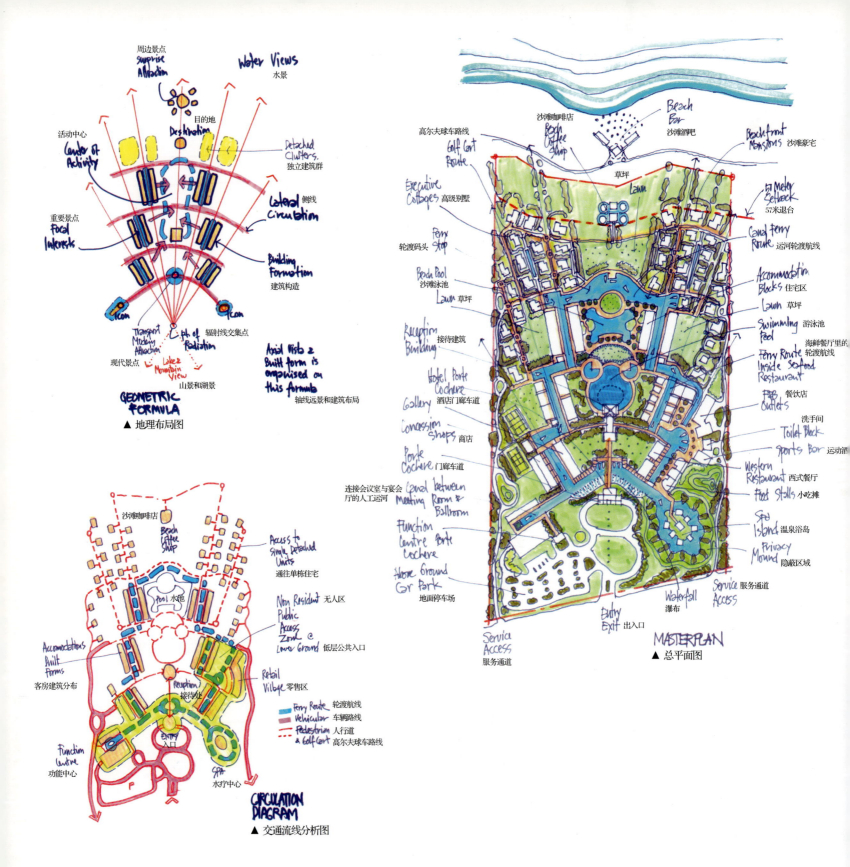

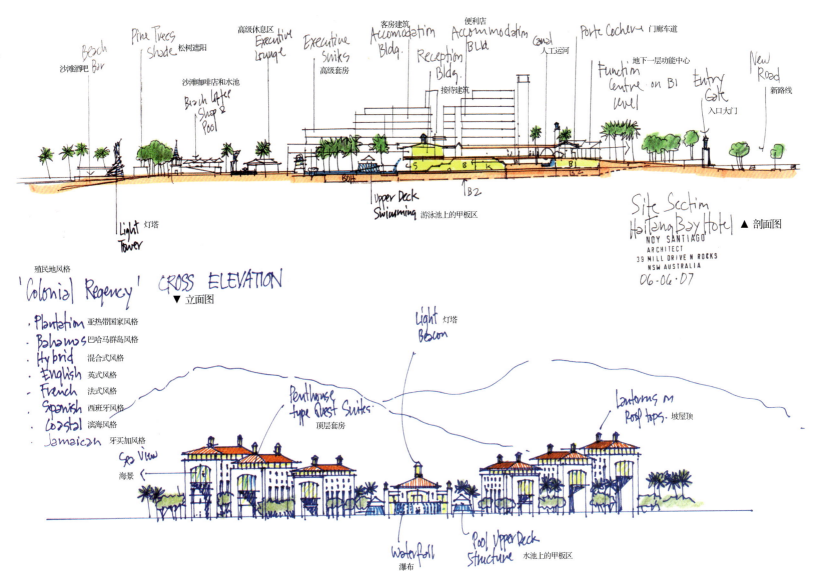

酒店设施

酒店包括6幢酒店客房楼、52幢独立别墅以及配套的大堂、健身区、餐饮区、艺术馆区、商店区、会议区、SPA区七大配套功能区块；拥有576间客房及套房和52席奢华"国玺"别墅，坐拥优美的海洋、山林、花园及河流户外景观；拥有15间装饰经典的餐饮雅间，还有乾隆时期豪宅改建的木艺术馆。

酒店还设置了五种度假模式。标准间是主要的客房组成部分。一室一厅套间位于客房建筑端头，拥有绝佳的海滩及海岸线风景。两室一厅套间位于客房楼的顶层，采用复式设计，有小型独立厨房和餐厅，房间和起居室都可欣赏良好的海岸线风景。独立的别墅都拥有带泳池的独立内院，地下空间可通过中空的采光天井获取自然的采光和通风。豪华的总统套房除具有独立别墅的基本配置外，还拥有一线海景、独立的码头及可停放球车的门廊。

中西合璧——奢华大气

酒店采用低调奢华的中式设计搭配高贵优雅的欧式风格，秉承"天人合一"的生态理念，整体布局呈中轴对称的形式，6幢主楼分布在中轴线两侧，主体建筑有非正式的热带风情外观。外墙采用质感涂料、木材、砂岩板、石片瓦等具有传统色彩的材质。

在局部的单体和细部设计中，巧妙地融入一些古典的中式元素。酒店园区内有两座从江浙一带迁移至此的清代光绪年间的古亭。新老建筑形成对比，和谐共生。客房内的仿古家具精雕细琢，营造出中式艺术文化的高雅格调。

设计在入口方面做了精心的研究，呼应整体风格。进入大堂之前要经过一段充满趣味的走廊空间，可依次看到具有中式风格的张开的飞檐、主入口雨篷、现代的会议中心、江南氛围的岛状水疗中心、载有流动船只的运河。到达大堂，气势恢弘的大厅给人强烈的震撼。

交通系统——特色运河设计

设计以三种交通方式构成了一个四通八达的完善的交通系统，可选择步行、乘船或者乘高尔夫球车三种方式到达酒店的任何区域。其中，具有特色的运河设计给酒店客人留下难忘的印象，客人可乘船出入客房。船只可以驶入SPA区、客房中庭、运河边上活跃的零售商店及一系列的餐饮场所。运河是环形的，沿途有诸多景点及园林渲染。各配套区沿运河布置，通过运河组织联系在一起。室内空间呈半开放状态，与运河边上的室外空间结合，形成丰富的空间。在河中行驶时欣赏沿岸的诸多景点，仿佛置身于水城威尼斯。

视线设计——处处看海

为了使绝大部分客房拥有海景，水平方向采用了一种发散的角度使各建筑呈放射形排列。每间客房都强调要有良好的海景视线。竖向标高设计也采用了向海滩层层跌落的走势，使远离海滩的建筑也获得了比较好的海景视线。

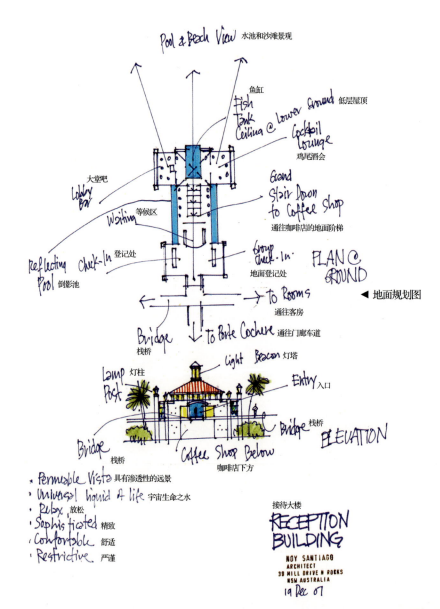

▲ 立面图

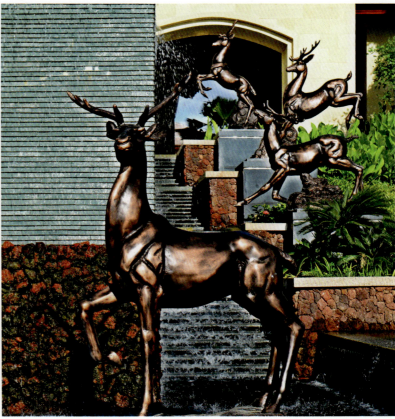

PORTE COCHERE
◀ 门廊车道

Light Beacon 灯塔
Terra Cotta Roof 陶瓦屋顶
Pendant Light 吊灯
Wall Lamp 壁灯
Clay Pots 陶土罐

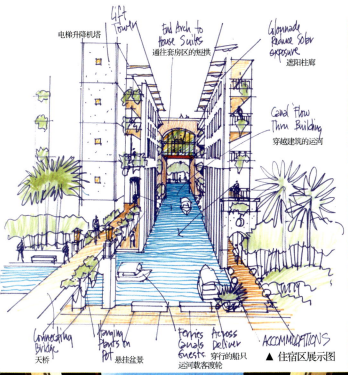

▲ 住宿区展示图

▼ 楼层平面图

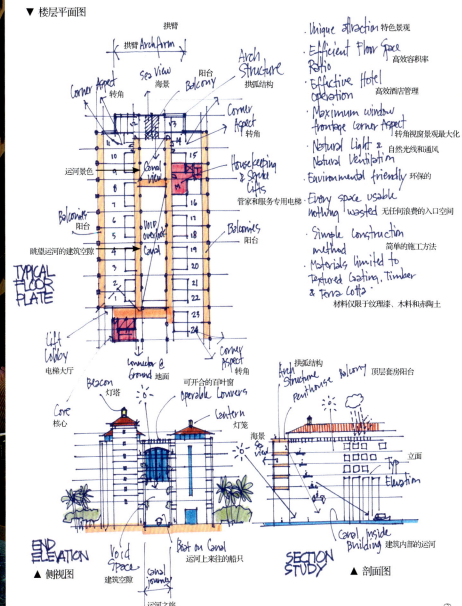

▲ 侧视图　　▲ 剖面图

THE LAGOON

▶ 泻湖

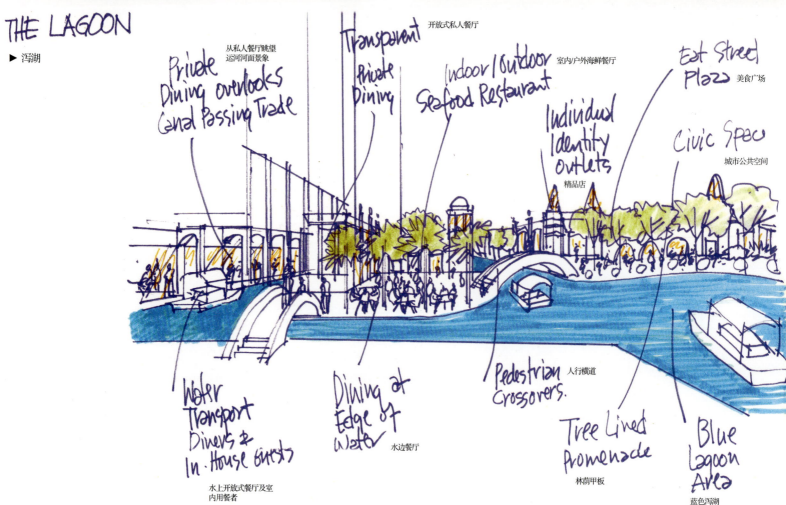

Private Dining overlooks Canal Passing Trade — 从私人餐厅眺望运河河面景象
Transparent Private Dining — 开放式私人餐厅
Indoor/Outdoor Seafood Restaurant — 室内/户外海鲜餐厅
Individual Identity Outlets — 精品店
Eat Street Plaza — 美食广场
Civic Space — 城市公共空间
Water Transport Diners & In-House Guests — 水上开放式餐厅及室内用餐者
Dining at Edge of Water — 水边餐厅
Pedestrian Crossovers — 人行横道
Tree Lined Promenade — 林荫甲板
Blue Lagoon Area — 蓝色泻湖

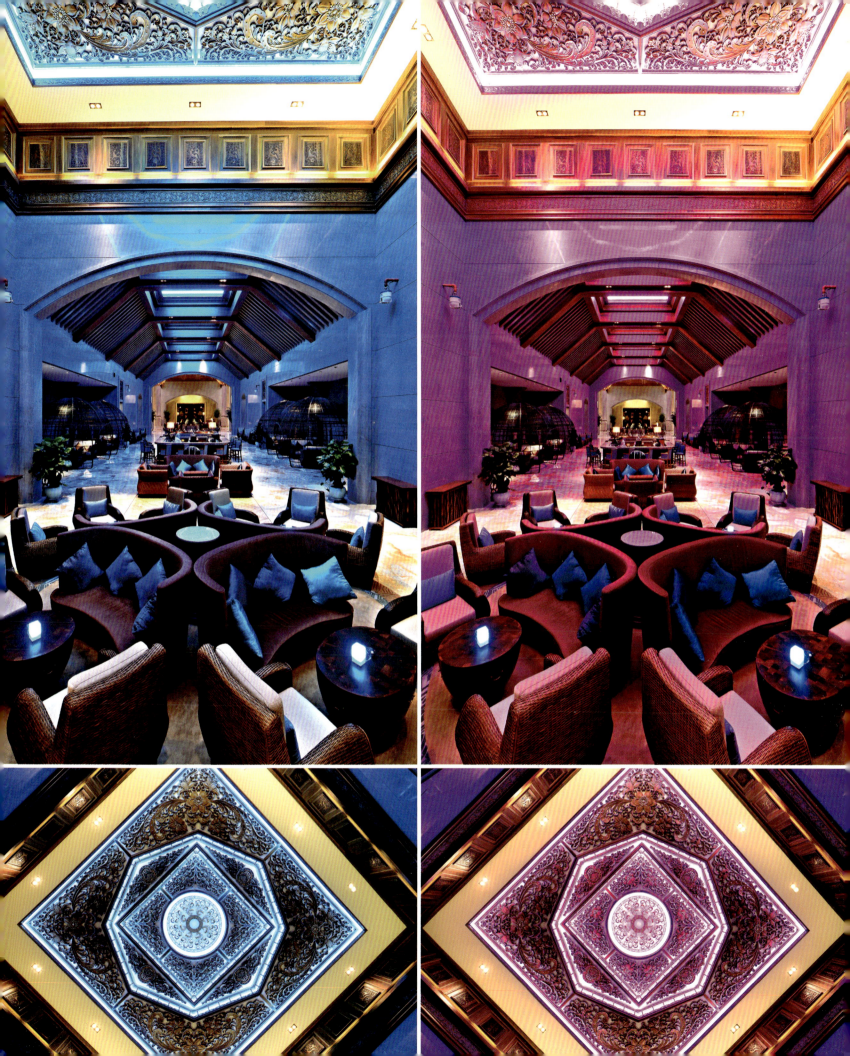

The Royal Begonia, Sanya

三亚御海棠豪华精选度假酒店

（关键词："海棠花"元素、浪漫地中海风情）

三亚御海棠豪华精选度假酒店的整体设计风格是托斯卡纳地中海风格，取"石头"的古典、端庄、凝重之意；以"海棠花"为创作主题，在色彩上突出"海棠红"；在造型上追求硬朗、大气、厚重、敦实的风格；采用原始本土材料，充分展示了地中海式的浪漫、纯美、自然。

项目概况 三亚御海棠豪华精选度假酒店坐落于田园诗般秀美的三亚海棠湾,背倚苍翠的山峦,面朝碧波荡漾的南海,拥有长达370米的迷人海滩。142间舒适华丽的客房及18幢奢华私人别墅,融合优雅欧陆风情及本地设计元素,缔造恬淡静谧的氛围。

混搭风格——地中海与本土风情的碰撞

酒店为地中海式建筑风格，砖红色的屋顶将酒店的外观打造成一轮红日，与毗邻的三亚海棠湾喜来登度假酒店（外观如一弯新月）合起来取"日新月异"之意。

酒店以"石"为设计主题，取其古典、端庄、凝重之意。随处可见的白灰泥墙，在蓝天、白云和大海的映衬下，碰撞出简单而又绚烂的色彩；连续的拱廊与拱门，像是给葱郁的园林和壮丽的海景装上了相框。回廊上装点的高温釉瓷版画，酒店大堂欧式书吧设计，御海棠全日餐厅的鱼拓艺术瓷盘装饰，带给客人不一样的体验。

酒店以具有浓郁本地风情的"海棠花"为装饰主题，为整座建筑增添了不少美感。酒店大堂的"海棠花"漆器花苞，色彩明丽和谐，拥有非凡的艺术魅力；大堂中庭的"海棠花"羊毛手工纺织地毯，用色明亮大胆，带来独特的视觉冲击；前台接待区的"海棠花"台灯，就像一幅剪影；客房长廊上手工拼接的马赛克"海棠花"图案地板，利用不同颜色的石材切割成小石子后进行创意组合；客房内"海棠花"青瓷饰品及中国花鸟国画，体现了别致典雅的中国传统艺术。

本土元素——中式艺术品

酒店室内作品的艺术形式及材质品类丰富多彩，除传统的国画、油画、雕塑形式外，还采用漆、石、金属、陶、玻璃、纤维等多种材料和不同的工艺，使作品更加完美。房间内尽量采用低彩度、线条简单且修边浑圆的木质家具，挂画选用的是以中国山水花鸟为主题的国画、油画等，阳台更是增添小酒吧的独特设计。

园林景观——托斯卡纳田园风

酒店的整个园林采用托斯卡纳田园式风格，以豪华庄园乡村俱乐部为设计主线，展现乡村的、简朴的、优雅的风格。喷泉、壁饰、庭院、铁艺、百叶窗和阳台，采用天然材质，如木头、石头和灰泥等，呈现出极具亲和力的柔美色调。

业主：三亚长岛旅业有限公司
项目地点：海南省三亚市海棠湾7号地
项目面积：192 624平方米
设计单位：美国SRSS建筑设计事务所
室内设计：吕锦明（Mathew）
供稿单位：三亚御海棠豪华精选度假酒店
采编：罗曼

豪华精选（The Luxury Collection）是喜达屋酒店与度假村集团旗下的品牌，每家酒店及度假酒店均独具特色、风情各异，力求呈现原汁原味的当地文化和无限魅力。创立于 1906 年的豪华精选品牌最初是 CIGA 集团旗下欧洲最负盛名的经典酒店系列，发展至今，已汇集跨越 30 余个国家的超过 80 家世界一流的酒店及度假酒店，遍及世界的繁华都会和度假胜地。

Crown Plaza Resort, Xishuangbanna

西双版纳避寒皇冠假日度假酒店

（关键词：热带雨林、傣族风情）

项目位于民俗文化非常多元、热带雨林风情浓郁的西双版纳，设计灵感来源于傣族风情，还原了傣家竹楼、村落广场、傣家农田以及庙宇，将旧时王室的奢华、傣族人民的质朴、热带雨林的原始、异域风情的独特淋漓尽致地展现出来。

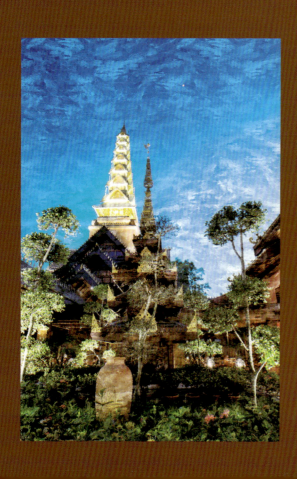

项目概况 该度假酒店坐落于云南南部热带雨林广袤、民俗文化多元的西双版纳,掩映于澜沧江与其一级支流——流沙河交汇处的橡胶林里。项目位于云南景洪市东南部,属景洪旅游度假区二期曼弄枫片区,位于"景洪新城旅游景观带"的核心,在城市空间结构上与景洪市主城区共同形成景洪中心湿地公园的两翼,可以远眺景洪全城,同时也是景洪城重要的景观。西双版纳避寒皇冠假日度假酒店所在地曾是公元1160年兴盛一时的傣王宫旧址,毗邻野象谷、大佛寺和西双版纳热带植物园等著名的旅游景点。

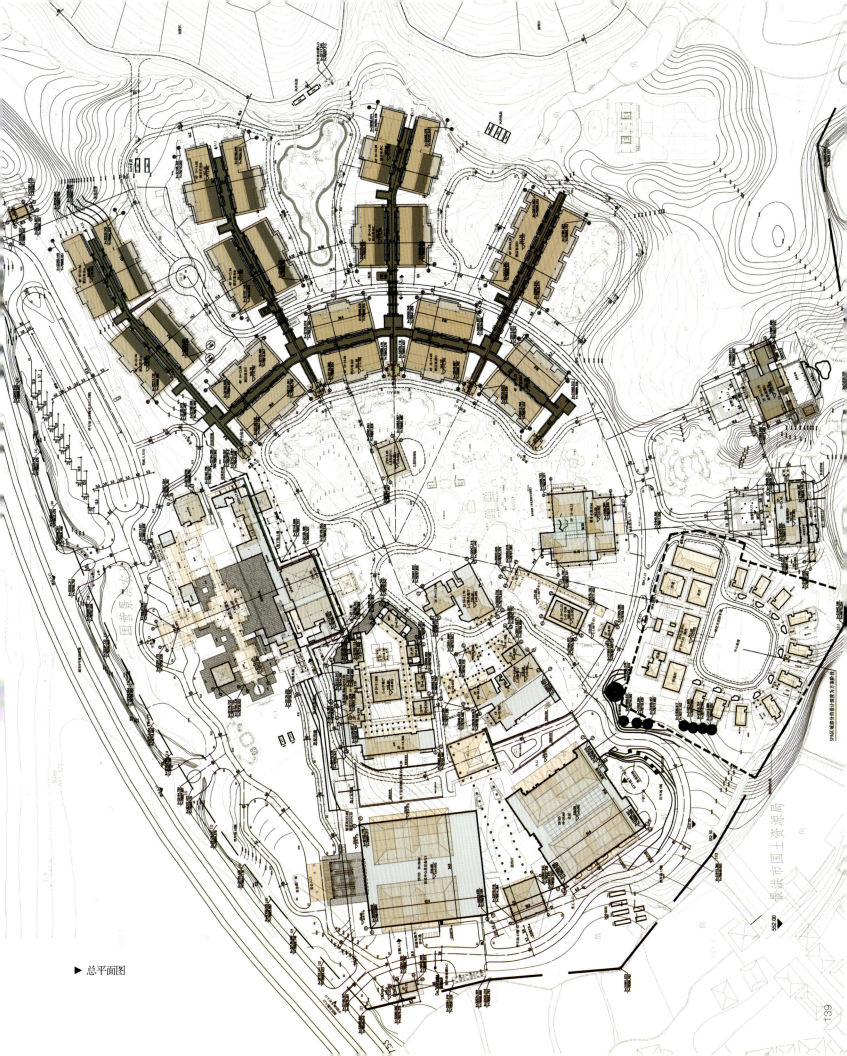

▶ 总平面图

业主：云南城投版纳投资开发有限公司
项目地点：云南省景洪市西双版纳旅游度假区二期曼弄枫片区
项目面积：92 465.37平方米
设计单位：北京建筑设计研究院有限公司
采编：罗曼

酒店设施

项目建设内容包括国际五星级酒店、国际会议中心、多功能广场、SPA、生态休闲公寓、健身休闲场所及相应的景观配套设施，是一个集高档次的商务、政务与健康养生、度假休闲于一体的综合旅游度假项目。

酒店拥有520间宽敞舒适的客房，装饰设计灵感源于古代傣王宫。每间客房都拥有超大阳台，可随时欣赏热带花园美景，视野开阔。客房包括80平方米的豪华大床房、豪华套房、行政豪华房、两套面积达470平方米的皇家套房和两栋面积超过1600平方米的总统别墅。

酒店拥有6间风格迥异的餐厅和酒吧：设计独特新颖的中餐厅，具有本土风味的傣味烧烤餐厅，碧水环绕的大堂酒廊，演绎当地特色风情的娱乐酒吧——芥朵吧，料理地道泰式美食的泰餐厅，荟萃中、欧美食的全日餐厅。

为契合傣王宫主题风格的设计理念，酒店拥有自己的佛堂，以供客人参观。酒店拥有3间大型宴会厅，会议设施总面积达5000平方米，各类会议室总共有16间。

和谐共生——生态格局

设计本着"集约式、有限度、可持续发展"的原则，合理利用现有土地资源，尊重自然、尊重区域原有生态环境。该地区有丰富多样的自然植被，独特的自然环境使多种野生动物得以生存。项目以独具一格的干栏建筑形态、"大分散、小集中"的聚落空间模式等体现了一方水土文明。

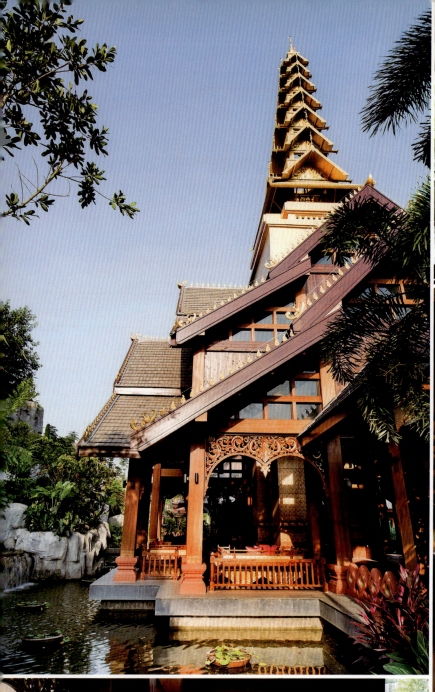

热带雨林风情——傣族宫殿

酒店的设计灵感来源于傣族宫殿，整个建筑群就是当年傣族王室风范的一个全景呈现。鉴于年代久远，目前在西双版纳已找不到任何宫殿的遗迹，然而傣族不仅分布在西双版纳，在邻国老挝和缅甸也有分布，设计师通过参照邻国的傣族宫殿建筑外观，精心营造各个场景，力求再现当年的傣家王族风范。整个建筑群还包括傣家竹楼、村落广场，甚至还有傣家农田以及庙宇，将旧时王室的奢华、傣族人民的质朴、热带雨林的原始、异域风情的独特，淋漓尽致地展现给宾客。从房间门牌到纸巾盒，每一个细节都散发出浓浓的傣家风情，酒店的内部设计，就是历代傣族王室的大气奢华与当代风尚的精致舒适的完美融合。

InterContinental Danang Sun Peninsula Resort, Vietnam

越南洲际岘港阳光半岛度假酒店

（关键词：帐篷建筑、殖民地文化）

酒店拥有诗意般的居住环境和浪漫的丛林氛围。传统的越南设计与殖民地建筑的特色结合在一起，设计师将其神奇的魔法设计贯穿每一个空间，用登山火车将天堂、天空、大地和海洋联系在一起。帐篷式建筑群充分展示了设计师独具匠心的才智和天马行空的想象力。

项目地点：越南岘港
设计单位：Bensley Design Studios
主要材料：木材、玻璃、不锈钢、瓷砖等
供稿单位：越南洲际岘港阳光半岛度假酒店
采编：吴孟馨

项目概况 越南岘港是一个历史文化富饶的地方，传统越南建筑与现代的钢筋水泥建筑、殖民地时期遗留下来的建筑并肩而立。放眼望去，整个城市到处都是历史遗迹和远古遗址。岘港阳光半岛度假酒店位于知名的茶山半岛上，整个山坡被一片原始森林覆盖，酒店的建筑沿着岩石丛生的丛林山坡分布，俯瞰神秘的猴山，大堂在半山腰，是整个酒店的最高点，客房和其他建筑层层向下。

酒店设施

客房和功能区从高到低分成4个区域,分别是天堂、天空、大地、大海。酒店总共有197间(套)客房,分为经典客房和套房(包含别墅)两种。所有的房间都有阳台,面朝大海,面积70平方米起。化妆镜、浴缸、窗棂等设计成古典的灯笼样式,处处透露着越南本土气息。

酒店内共有5个餐饮设施,包括3间餐厅和2间酒吧。其中最耀眼的是LaMaison 1888酒吧。设计融合本土文化与殖民风格。酒店内两间餐厅别具特色,分别是Citron和Barefoot Café,前者是全日餐厅,也是早餐厅,占据制高点,突出的悬空式设计,给人一种全新的用餐体验;后者是海鲜烧烤餐厅,设在沙滩旁边。The Long Bar被评为现今越南最炫的酒吧,如其名,长度约60米,设计独特,软装上采用大胆的撞色,衬托山林海景。

越南文化——殖民地色彩

设计从建筑到室内都充满当地与殖民地色彩融合的特色,表达出当地的风情,又带有强烈的殖民符号。越南本土传统的特色建筑与殖民地色彩完美地融合,体现了酒店的特色之处。

酒店的整体空间以黑、白、灰为基调,借用软装的亮丽色彩来打破单一的气氛,同时带来别样清新的感觉。绿色桌椅、黄色布饰,以大胆的用色,让人眼前一亮。

Dusit Thani Maldives, Mudhdhoo Island, Baa Atoll

马尔代夫都喜天阙度假村

（关键词：热带混搭风、质朴优雅格调）

项目将马尔代夫群岛的自然美景和文化融入泰国元素，使自然朴素的材质和优雅的空间展现出来。在酒店客房、大堂以及泰式餐厅中，泰式及马尔代夫设计元素相遇，诠释了经典的泰式风情和热带岛屿风光。

项目地点：马尔代夫芭环礁
项目面积：约186 000平方米
建筑设计：Gedor Architecture Pvt. Ltd.
室内设计：WT Design Studio Interiors &
Eco-id (Thailand) Limited

项目概况 马尔代夫都喜天阙度假村位于芭环礁的Mudhoo岛，被美丽的珊瑚礁和绿松石泻湖环绕，右侧是纯白沙滩、蓝玉泻湖。度假村距离马尔代夫首都马累仅35分钟水飞，快艇10分钟可到达当地最新的机场。

酒店设施

酒店的100间别墅和公馆极尽奢华，融合了马尔代夫木作和现代建筑，同时配备最新顶级设施。酒店拥有私人海滨、树顶SPA中心，还设有一座面积为750平方米的室外游泳池，是马尔代夫最大的游泳池。

15栋沙滩别墅拥有私人游泳池。带泳池的水畔别墅面积可达150平方米，可直通沙滩和泻湖。从海洋别墅（180平方米）的游泳池可潜入礁湖，这里有宽敞的甲板区、私人游泳池、沙发床和大厅。两居室的海洋亭（370平方米）和沙滩别墅（560平方米）提供慷慨的居住空间、更大的私人游泳池以及室内、室外餐饮设施。

热带绿洲——混搭风情

马尔代夫都喜天阙岛的旅游景观是一岛一酒店模式,一个岛由一个酒店经营,设计师充分利用马尔代夫群岛的自然美景和文化,结合泰国元素,使自然朴素的材质和模式优雅地展现出来。酒店有沙滩屋和水上屋两种。沙滩屋是建在岸上的小屋,通常有高大茂密的热带植物包围,既有新鲜的空气又有很好的私密性。水上屋是建在水上的小屋,屋边有阶梯可随时走下小屋,热带鱼就在脚边嬉戏。

酒店客房、大堂以及泰式餐厅的设计融入大量泰式及马尔代夫设计元素,同时以传统风格诠释,岛屿标志性的滴花妍水疗馆矗立于葱郁的椰子树丛中,环境优美,在马尔代夫绝无仅有。依附于滴花妍水疗馆的六个树顶水疗舱,尽显泰式风情。

St. Regis Saadiyat Island Resort, Abu Dhabi

阿布扎比萨迪亚特岛瑞吉酒店

（关键词：地中海风格、阿拉伯色彩）

项目设计受纽约镀金时代兴起的阿斯特家族的启发，将地中海建筑、自然岛屿风光与阿拉伯元素融为一体，打造出迷人的海岛上颇具神秘阿拉伯风情的特色酒店，营造优雅而天然的地中海生活气息。

项目概况 阿布扎比萨迪亚特岛瑞吉酒店位于萨迪亚特岛白色的沙滩上，俯瞰白色的沙滩和蔚蓝的波斯湾海域。作为萨迪亚特岛上的地标建筑，酒店正在向阿拉伯国家新文化中心这一新角色转型。酒店共有380间客房，为顾客打造放松、愉悦和舒适的入住体验是酒店选择沿海地点的主要目的。

设计单位：HBA
项目地点：阿布扎比萨迪亚特岛
占地面积：3 000平方米
供稿单位：嘉希传讯
采编：汤文蕾

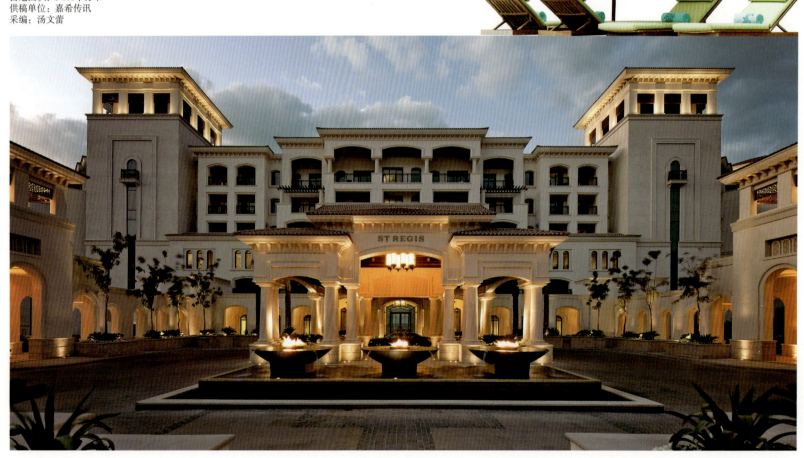

文化融合——混搭风情

HBA从周遭环境获得灵感，打造出极富阿拉伯色彩的当代地中海式建筑，并以本地产品及元素提升整体造型。受纽约镀金时代兴起的阿斯特家族的启发，酒店的设计将阿拉伯风情与阿布扎比当地的岛屿风光结合在一起。酒店中处处能够发现当地痕迹，而地方产品和元素的使用又加强了这一效果，同时处处散发出低调、优雅的地中海生活气息。设计采用地中海南部地区的拱门、瓦屋顶和浅粉色外观。宾客在每处转角都可以看到纯白的沙滩和碧蓝的大海。

特色设计——幕墙里的风景

酒店最独一无二的特色是客人一踏进大堂就可以享受醉人景色。大堂背后的幕墙是一整块无框玻璃，阿布扎比的海洋美景就此一览无余地呈现在客人眼前，让人惊叹。三层高的巨幅透明玻璃墙令建筑内部光线充足，周边大海的美景全部纳入室内，大理石、马赛克地板上以各种海洋生物为原型的丝带和徽章也因此愈发璀璨夺目。在大堂的顶部，以海生物为原型定制的吹制玻璃艺术品在灯光的照射下熠熠生辉。

元素运用——材质与色调

　　大堂采用白色和奶油色的石材打造,同时以蓝绿色的玻璃将阿布扎比的海洋美景纳入室内。在等候区和大堂休息室,超大号休闲沙发、藤制扶手椅与金色手工地毯营造出奢华而优雅的氛围。质朴的木桌采用回收木材打造,桌面上的一盏台灯以光滑的鹅卵石为灯座,十分有趣。

　　酒店的客房被设计师戏称为"幸福的逃离"。编织的藤制家具、褪色处理的木材、柔软的皮革、石材以及玻璃随处可见,到处弥漫着优雅的气息。各种各样的座椅和家具由环保的柚木、树脂与藤条制成,既耐用又防晒。

　　酒店的整体色调与所在的岛屿存在密切的联系,采用中性的冷棕色和乳白色,间或掺杂着鲜艳的红色、橙色和蓝绿色,形成鲜明的对比。明亮而又通风的空间使用了大量自然朴实的材料,颜色和造型则参考了当地的沙漠玫瑰和沙浪。

瑞吉酒店融合了恒久精致与现代奢华，自John Jacob Astor 在一个世纪前于纽约创立地标性的瑞吉酒店以来，瑞吉就以其无与伦比的奢华、妥帖周到的服务和典雅高贵的环境闻名于世，目前瑞吉品牌酒店已拓展到全球多个知名城市。

P202 清远狮子湖喜来登度假酒店
P214 湖州喜来登温泉度假酒店
P230 巴厘岛金巴兰艾美酒店

l long-term accumulated cultural background
ich are opposite to the standardization and
l has now become the fashion icon in China'
ent groups begin to enter into this market and
trend in domestic hotel industry.

rs of boutique hotels, "If brand hotels are
otels are small specialized shops providing
traditional hotels, boutique hotels are much
onal hotels or old-fashioned buildings, with a
alized hotel products and services. Boutique
personalized style to attract guests.

, culture and characteristics usually take the
artistic aesthetics to create their personality
sories in the lobby, furniture arrangement in
y details is dominated by culture, personality
metropolitan's vogue color, showing a city's
turesque natural landscape reflect the region's
ape.

度假酒店

2 新颖独特的设计概念与主题

Sheraton Qingyuan Lion Lake Resort

清远狮子湖喜来登度假酒店

（关键词：阿拉伯文化、艺术装饰）

清远狮子湖喜来登度假酒店纳入阿拉伯建筑符号，运用空中花园的建筑形态，并配以一千零一夜的人物传说雕塑或壁画，使之独具浓郁的异域风情。室内装饰华丽，无处不显现出阿拉伯艺术元素的精致运用。走进酒店，就如同走进阿拉伯世界，可感受阿拉伯的文化魅力。

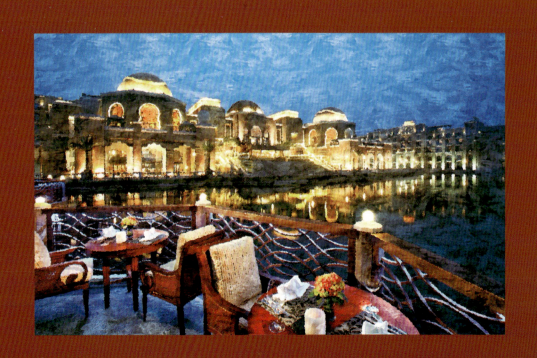

项目概况 项目地处清远市风景秀丽的狮子湖畔，依湖而建，景观极佳，建筑面积近10万平方米。该项目集休闲度假、商务旅行和会议会展于一体，以主体化温泉为基础，以滨水休闲为特色，是具有浓郁阿拉伯风情的临湖度假酒店。

功能组成

酒店规模宏大,共拥有349间客房和套房,其中包括32间行政套房、7间经典套房、2间大使套房和1间总统套房。酒店亦拥有近20 000平方米的宴会及会议空间,共16个会议室,包括1 800平方米、天花板高7米的无柱狮子湖大宴会厅和900平方米的无柱式喜来登宴会厅。此外,酒店还拥有5个风格迥异的特色餐厅及酒廊,包括盛宴标帜餐厅、班妮意大利餐厅、采悦轩中餐厅、大堂吧和红酒雪茄吧。

阿拉伯风情——艺术宫殿

项目堪称阿拉伯艺术宫殿,是全新的阿拉伯宫殿特色建筑群,体现出阿拉伯建筑艺术的独特魅力,极具阿拉伯风情。同时它也是阿拉伯文化艺术与清远稀缺资源的完美结合,宾客在感受东方文明的同时,亦能体验阿拉伯的文化魅力。

酒店装潢华美,用材考究,无处不运用艺术品装饰,尽显阿拉伯艺术魅惑。具有阿拉伯特色的饰品、地毯、艺术品摆件、《一千零一夜》油画、阿拉丁神灯、穹顶、桃形拱门、拱窗及金属花格等琳琅满目,看似随意却又有心地点缀其间。

阿拉伯艺术最注重色彩的运用,它是设计的生命。项目室内色彩跳跃、对比强烈、装修华丽,表面装饰突出,镶嵌彩色玻璃面砖,墙身雕花,还采用石膏浮雕。大圆拱顶吊灯、落地玻璃窗以及地板上的花纹均采用几何纹饰、植物纹饰和阿拉伯书法纹饰组成的阿拉伯纹饰,深深地体现了伊斯兰文化特征,给人带来一种心灵犷豪放和精神纯净至美的感受,使设计在奢华之中体现古老文明的宗教底蕴。

配套设施

酒店配套设施齐全,宾客可尽享湖上水疗吧、室内外泳池、健身中心、儿童俱乐部及各种娱乐设施等。湖区内另有36洞国际锦标级的丹霞地貌高尔夫球场与酒店隔湖相望,亚洲顶级音乐水幕喷泉可呈现360度立体环绕水帘电影,翡翠谷主题化温泉度假公园融入印度和东南亚特有的东方养生保健功能,而渔人码头商业街也已聚积大量人气。

业主:颐杰鸿泰狮子湖集团有限公司
项目地点:清远市狮子湖畔
项目面积:约840万平方米
设计单位:WATG(U.S.A)公司
室内设计师:Wilson Associates
采编:谢雪婷

阿拉伯文化是由阿拉伯本土文化与外来文化融合而成，阿拉伯式建筑多具有浓厚的文化气息，外观往往庄重而富有变化，设计手法精巧，且多运用穹窿、开孔（尖拱、马蹄拱或多叶拱）、纹样等。动物纹样、植物纹样、几何纹样、文字纹样等是阿拉伯建筑中最经典、使用最频繁的纹样。

NOTES

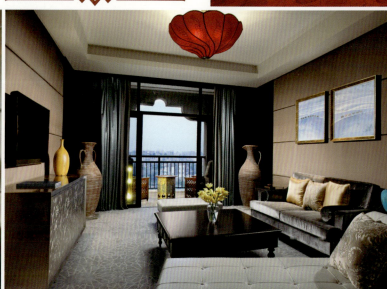

Sheraton Huzhou Hot Spring Resort

湖州喜来登温泉度假酒店

（关键词：太湖之滨、指环造型）

湖州喜来登温泉度假酒店矗立于太湖之滨，设计师以天马行空的创意，从中国古典建筑中汲取灵感，融入湖州水墨文化气息，打造出独具创意的"指环"形状酒店建筑。室内以富丽堂皇的玉石堆砌，夜幕降临时，室内与室外的灯光互相辉映。整座建筑像是漂浮在水中，极具"海上生明月"的诗意与闲适。

项目概况 湖州喜来登温泉度假酒店坐落于浙江省湖州市风景宜人的南太湖之滨,得益于南太湖得天独厚的自然条件和湖州在长三角独特的地理位置,酒店是飞洲集团在湖州南太湖打造的"世界第九湾"的项目之一,与150千米外的上海"东方明珠"遥相呼应,被誉为长三角腹地、太湖沿岸的地标性建筑。酒店拥有321间设备完善的客房和别墅。水疗度假村内拥有39座各具特色的水疗别墅。此外,酒店的40个温泉池及游艇码头为长三角旅游提供更多的休闲选择。

业主:上海飞洲集团
项目地点:浙江湖州
占地面积:50 000平方米
建筑面积:6.5万平方米
室内设计:HBA
建筑设计:MAD事务所
设计师:马岩松
主要材料:玻璃幕墙、LED灯
供稿单位:湖州喜来登温泉度假酒店
采编:谢雪婷

创意建筑——海上明月

  酒店主体建筑总高度达101.2米，宽116米，地上27层，地下2层，矗立于太湖之滨。因为设计师天马行空的设计，给整个酒店的建造提出了非常大的难题。最终酒店整体结构选用"钢筋混凝土核心筒"结构，这种结构的最大特色是承载能力高、自重轻，同时降低建筑过程中对环境的污染，具有极优的抗震性。

  设计师植根于中国传统的拱桥哲学，是对中国传统文化的全新阐释。受中国文化的深刻影响，与环境融为一体的设计理念是中国哲学思想"天人合一"的产物。设计师从中国古典建筑中汲取灵感，融入湖州水墨文化气息，力求以现代的手法表现水文化。在中国古典建筑里，拱桥是一个重要的元素，这便是酒店外观"月亮"的由来。建成后的酒店倒映在太湖中，泛起圈圈涟漪，就像是一轮明月倒映在湖水中。不得不说这是对中国传统文化的一种全新阐释。

灯光设计——水上光影精灵

  有人说，晚上的湖州喜来登温泉度假酒店在外墙灯光的装扮下就像是"太湖上的一只精灵"，"月亮"形建筑被高亮度景观灯所环绕，呈现出五彩斑斓的绚丽图案，而水中的倒影就像是一轮被涂上了色彩的弯月。如果将这一虚一实的弯月结合在一起，一轮梦幻的圆月应运而生，这也正代表了中国传统文化中的"团圆"之意。

喜来登是喜达屋酒店与度假村国际集团旗下最大且最具全球性的品牌。喜达屋是世界酒店与休闲服务业中的领袖企业之一。作为世界知名的品牌，喜达屋是一个集酒店经营与销售等功能于一身的综合集团，旗下拥有瑞吉、豪华精选、W酒店、威斯汀、艾美、喜来登、福朋酒店(喜来登集团管理)以及近期登场的雅乐轩与源宿。

NOTES

奢华空间——玉石魅影

　　酒店的室内装饰可谓是尽显高端奢华,而这就不得不说到一个关键词——"玉石"。古人云:"石之美者为玉也。"整座酒店可称为是"集世界玉石之大成":酒店大堂使用进口阿富汗白玉作为地面材质,配合镶嵌巴西虎眼石作为点缀;大堂廊柱和天花板全部使用象征"财富"的黄水晶装饰,而每根廊柱内所安装的灯光带将黄水晶表面的玲珑光泽显现无遗;与此同时整个大堂天顶采用阶梯设计,悬挂有20 000串水晶灯,全部采用施华洛世奇水晶与欧洲天然水晶搭配而成,远远望去犹如浪花一般晶莹剔透;即使是前台柜台和礼宾柜台这样的细小之处,也采用"红玫瑰"宝石和名为"丝绸之路"的石材予以装饰,而这也是对湖州这座作为古"丝绸之路"起点城市的致敬。

　　位于大堂内的盛宴标帜餐厅中,更是使用被誉为"帝王之石"的蓝宝石打造所有自助餐台。位于酒店大堂中央的"波斯玉原石"可以称为是镇店之宝,这块原石非常稀有,总重量达28吨之多。与这块"波斯玉原石"毗邻的便是一架由德国原装进口的皇家御用水晶钢琴。

　　不难发现,湖州喜来登温泉度假酒店内使用了大量的"玉石"和"水晶"作为装饰。也正因为如此,主楼的两侧分别使用"翡翠"和"水晶"来命名。在室内设计团队的创意下,每一层、每个房间的户型都有所不同,同时大量使用"玉石"进行装饰,房型有复式客房和带独立阳台的湖景客房,所有客房内家具均为进口定制。裙楼部分为酒店的宴会设施和中餐厅。大宴会厅面积达902平方米,层高12米,天顶上也大量使用水晶吊灯作为装饰,更为巧夺天工的是宴会厅墙壁上使用了整面的"黄水晶"切片。

Le Meridien Bali Jimbaran

巴厘岛金巴兰艾美酒店

（关键词：金巴兰元素、现代艺术）

酒店将丰富的金巴兰传统文化、时尚的现代元素以及对艺术的热爱完美地结合在一起，把对现代艺术的热情融入具有当地丰富文化气息的生活之中。通过完善感官元素，打造一个优雅且极具艺术气息的精品酒店。

项目概况 巴厘岛金巴兰艾美酒店坐落在巴厘岛西南海岸上。这片位于金巴兰湾的白色沙滩宁静而隐秘,过去曾经是当地小渔村的聚集之地。酒店的附近更有无数的自然文化古迹,如乌鲁瓦图寺——巴厘岛最神圣的寺庙之一。

业主:PT Tiara Raya Bali International
项目地点:印度尼西亚巴厘岛金巴兰湾
项目面积:15 000平方米
建筑设计:Studio TonTon – Anthony Liu and Ferry Ridwan
景观设计:Belt Collins International Pte.,Ltd.
室内设计:FBEye International Pte.,Ltd.
主要材料:进口大理石、硬木、陶瓷
采编:吴孟馨

酒店设施

  酒店坐落在宁静而清爽的水景中央，118间客房以现代蜡染图案和液体艺术为主题。位于首层的客房可以直接通往面积为1 300平方米的咸水礁湖。

  酒店拥有宽敞的客房，奢华的空中别墅带有私人屋顶露台，同时还在屋顶池畔设置了精致的用餐场地。酒店的餐饮空间位于主楼与水感空中阁楼中间一栋三层高的建筑内，竹趣餐厅是一家汇集了亚洲各种风味的特色餐厅。

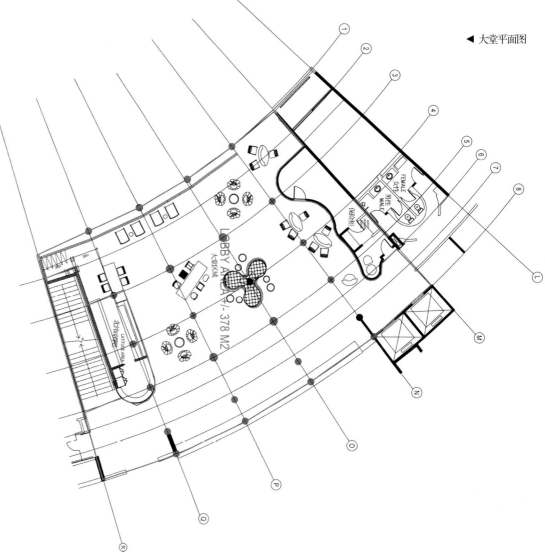

◀ 大堂平面图

新颖设计——现代艺术装饰

酒店以别致的概念和现代风格打造出多样化的艺术设计，如来自德国艺术家Markus Reugels的名为"液体艺术"的彩色摄影作品，由韩国艺术家Sang Sik Hong完成的手遮脸作品（手的材料是饮用吸管），由印度艺术家贡献的油画，均被装饰在五彩斑斓的墙面上。墙面本身的颜色也十分丰富，有灰色、白色、淡蓝色和其他各种自然的颜色。

位于大堂内的北纬8酒吧拥有浓厚的艺术氛围，一黑一白的雕像以金色加以点缀，强调了古老的中国阴阳哲学。这对雕像被摆放在大堂的前区，吸引前来的顾客关注酒店的艺术性。舒适的沙发椅、色彩明亮的长沙发、花朵形的木质吊扇、水波纹墙等呈现了一个以"水"为主题的空间。

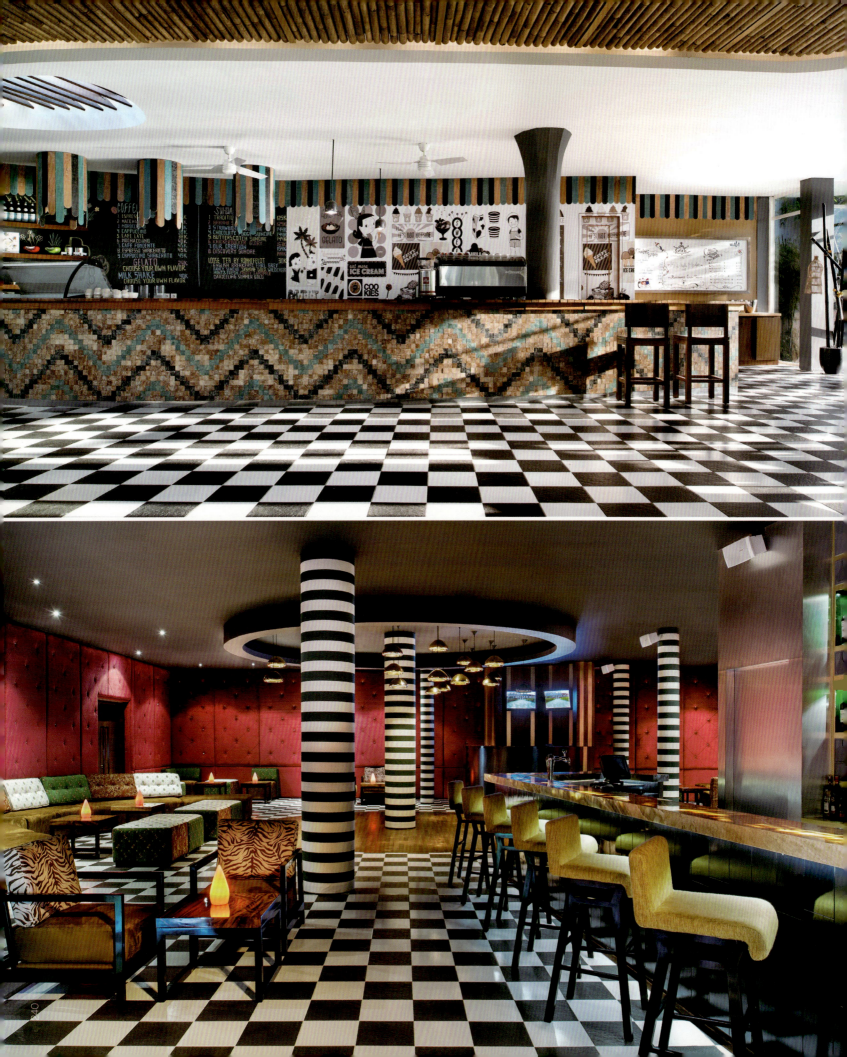

NOTES

艾美是一个起源于法国的酒店品牌，现今在世界40个国家和地区拥有近100家酒店。2005年11月，艾美酒店和相关企业被喜达屋酒店及独家酒店国际集团并购。80家豪华高档酒店分布于欧洲、亚洲、中东和亚太地区，与喜达屋原有的北美酒店形成一个伟大的全球市场战略。

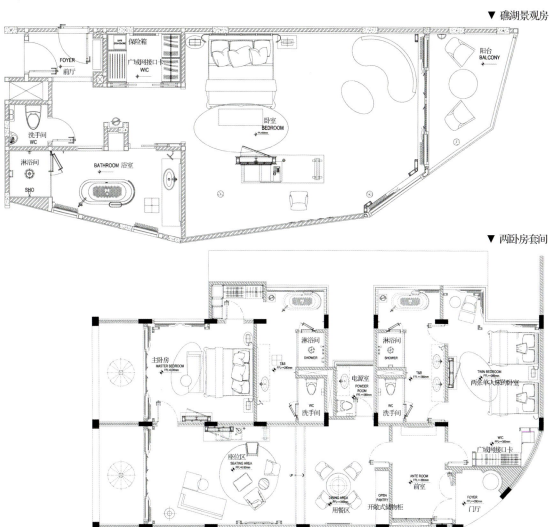

▼ 礁湖景观房

▼ 两卧房套间

融合创新——金巴兰文化

酒店的设计灵感来源于印度尼西亚文化中各种形象的元素。别墅被精心设置在高处,俯瞰金巴兰湾和印度洋海洋美轮美奂的景色,建筑本身呈现独特的巴厘岛特色,带有浓厚的工业色彩。现代的木质装饰与建筑的主题体现了"碧海蓝天"的和谐。

客房的设计独具现代风格,明亮的蓝色展现了巴厘岛迷人的海岸风光。为了强调与众不同的印度尼西亚风格,设计师将以渔网为灵感的蜡染图案装饰在床头板和吊灯上,以此点缀整个空间。

面积为1 300平方米的咸水礁湖是酒店的主要特色,它环绕酒店整整一周,同时以阳台直接连接酒店一层的客房区域。

P248 泰国KC格兰德度假村酒店
P260 泰国苏梅岛瓦娜贝莉豪华精选度假酒店
P276 泰国普吉岛阿维斯塔世外桃源度假村
P288 马尔代夫维斯莱度假村
P304 阿布扎比柏悦酒店
P320 巴厘岛乌鲁瓦图安纳塔拉水疗度假村

最大化利用自然景观资源

KC Grande Resort & SPA
泰国KC格兰德度假村酒店
（关键词：海岛风光、创意滑梯）

项目根据原有地势将建筑分为高度不同的前后两个部分，充分利用前后楼之间的内部空间，设计了长40米的无边泳池，能俯瞰白沙滩的壮丽美景，与海天相连接。并在两栋建筑之间，创造性地设计了S形的巨大滑梯，从三层高的洞穴一直延伸到主游泳池。设计呼应了项目周边壮观的海景。

项目概况 原有的KC格兰德度假村酒店及水疗中心位于象岛最美的海滩——白沙滩。为了满足越来越多的订房需求,新的扩建建筑要求加建79间客房,并配以游泳池、餐厅、酒吧和日光浴甲板等设施。

滨海风光——海景泳池

  酒店的扩建项目位于一条倾斜道路的转角,这条路将基地切成一个三角形,距离海滩不到100米,从而使建筑师在设计上面临两大挑战:建筑物如何在一个倾斜的三角形地带站稳脚跟?既然距离海滩尚有距离,又该如何让客人感觉仿佛置身于海滩环境?

  设计师根据原有地势将建筑分为高度不同的前后两个部分,两者高差为5米,充分利用前后楼之间的内部空间,同时在此设计了40米长的游泳池以及作为空间中央焦点的3.5米高的人工瀑布。人工瀑布的旁边还掩藏着一个小洞,并用板岩精心贴装。

  在较低的前楼屋顶,长40米的无边泳池连同泳池尽头的酒吧都给人们带来了独特的体验,遨游于泳池的碧波之中,可同时俯瞰白沙滩的壮丽美景。在池的另一端,空旷的阶梯式屋顶花园如海边的悬崖,形成一个个日光浴浴床,可以从上面眺望远处的海景。

  另一个位置上的优势是在位于坡上的后楼中,大部分客房都拥有眺望大海的广阔视野,其前方的所有建筑都不构成阻碍,美景一览无余。

业主:Kwan Wattana Co., Ltd.
项目地点:泰国象岛
项目面积:8 000平方米
设计单位:FOS
摄影:Teerawat Winyarat
采编:谢雪婷

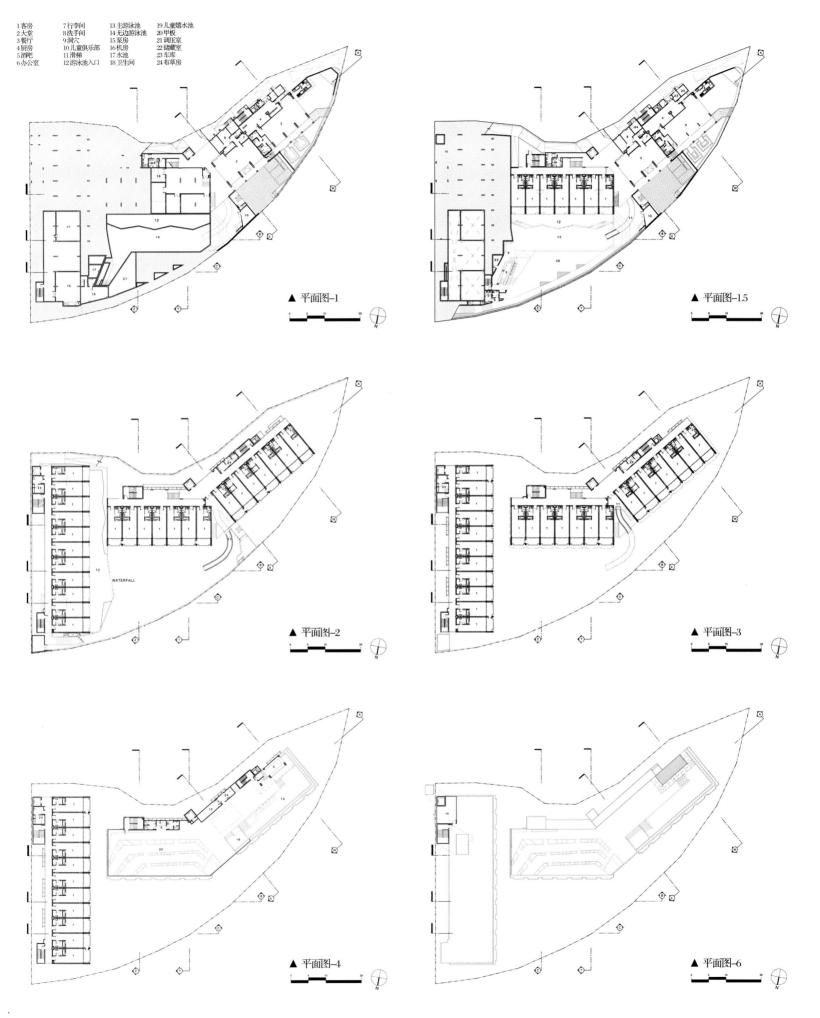

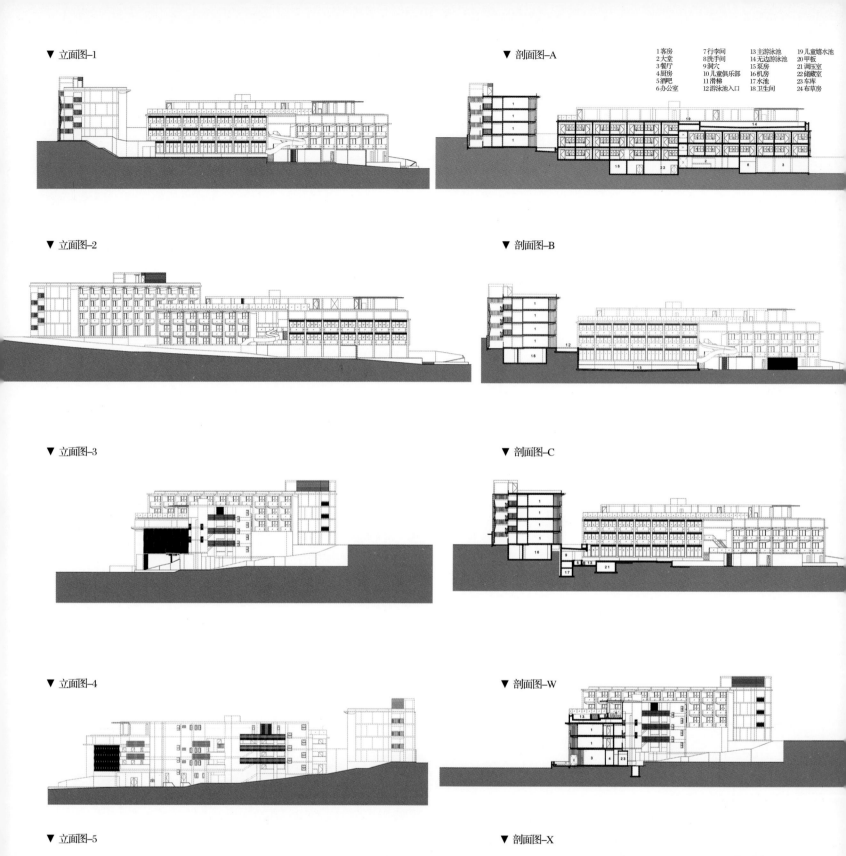

▼ 立面图-1

▼ 立面图-2

▼ 立面图-3

▼ 立面图-4

▼ 立面图-5

▼ 剖面图-A

1 客房　　7 行李间　　13 主游泳池　　19 儿童嬉水池
2 大堂　　8 洗手间　　14 无边游泳池　20 甲板
3 餐厅　　9 洞穴　　　15 泵房　　　　21 调压室
4 厨房　　10 儿童俱乐部 16 机房　　　　22 储藏室
5 酒吧　　11 滑梯　　　17 水池　　　　23 车库
6 办公室　12 游泳池入口 18 卫生间　　　24 布草房

▼ 剖面图-B

▼ 剖面图-C

▼ 剖面图-W

▼ 剖面图-X

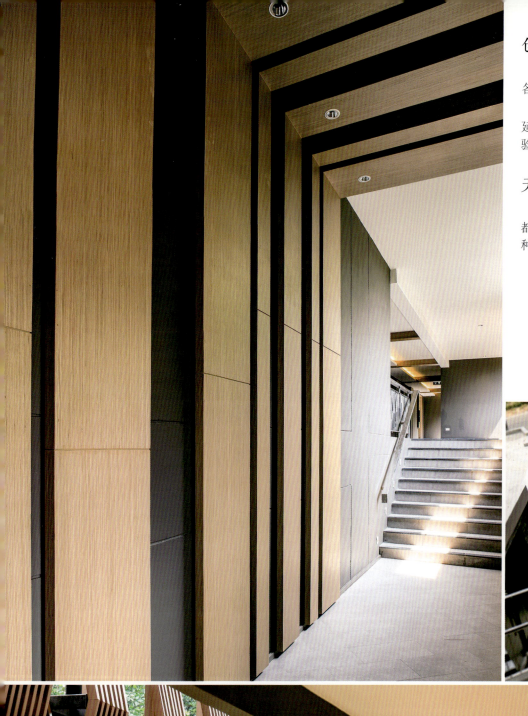

创意设计——高空滑道

在前后楼中,一层的所有客房都能直接通往游泳池,有其各自的泳池入口,显示出了靠近大海的优势。

在两栋建筑之间,一个巨大的滑梯从三层高的洞穴一直延伸到主游泳池。S形的滑道让顾客们忘记年龄,纷纷前来体验水与速度带来的极致乐趣。

天然元素——传统工艺

无论是立面的花纹还是内部空间的设计,所有建筑元素都像是一场木制编织工艺演出中的角色,这是当地特有的一种手工艺。光与影的演绎也融入建筑的各个角落。

Vana Belle, A Luxury Collection Resort, Koh Samui

泰国苏梅岛瓦娜贝莉豪华精选度假酒店

（关键词：海岛森林、泰式艺术品）

酒店名字的含义是"美丽的森林"，并以此为酒店的整体定位与设计理念。酒店的建筑设计将室内以及室外的自然景观完美地结合在一起，把苏梅岛上迷人的滨海风光引入室内，营造出舒适、休闲的氛围。室内装饰采用当地艺术家的原创作品，为酒店增添了一丝丝泰式风情。

项目地点:泰国苏梅岛
占地面积:35 200平方米
建筑面积:16 865平方米
设计单位:L65 & Associate Co., Ltd.
主要材料:混凝土钢结构
供稿单位:Glodow Nead Communications
采编:谢雪婷

项目概况 苏梅岛地处泰国南海岸线以南80千米处,以其漫无边际的白色沙滩和波光粼粼的碧蓝海水而著称,是地球上为数不多未被破坏的自然天堂之一。瓦娜贝莉就坐落在查汶海滩南端一个宁静、平和的海湾中,离苏梅岛国际机场不远,让入住的宾客能够轻松体验岛上各处知名的娱乐和文化景点。酒店共有80间精美的池畔套房和池畔别墅,宫殿式的别墅和海洋景观房配有户外浴缸和香槟吧,营造出一个令人沉醉与放松的世外桃源。

引景入室——绿色天然

"瓦娜贝莉"这个名字的含义是"美丽的森林",而这也是整座度假酒店定位与设计理念的灵感之源。酒店的建筑设计将室内以及室外的自然景观完美地结合在一起。酒店客房和别墅精心分布在青翠的景观之间,确保各建筑内的私密性和亲密性,同时从房间内又可以欣赏到不远处的清澈水域及景观。在瓦娜贝莉能欣赏到清亮碧蓝的海水和精心设计的葱郁植物景观,为整个度假酒店平添了绝佳的私密性。

泰式文化——原创艺术品

酒店在每一处转角都摆放了当地艺术家的原创作品,如神秘的丛林生物,这是一种典型的泰国文化元素。每一间客房的门前都有一尊充满当地文化色彩的雕像,这些雕像通常结合动物的形式表现,如长着鸟头的马等。酒店中到处都是这类生物的现代演绎,体现了泰国的传统文化元素与风味。

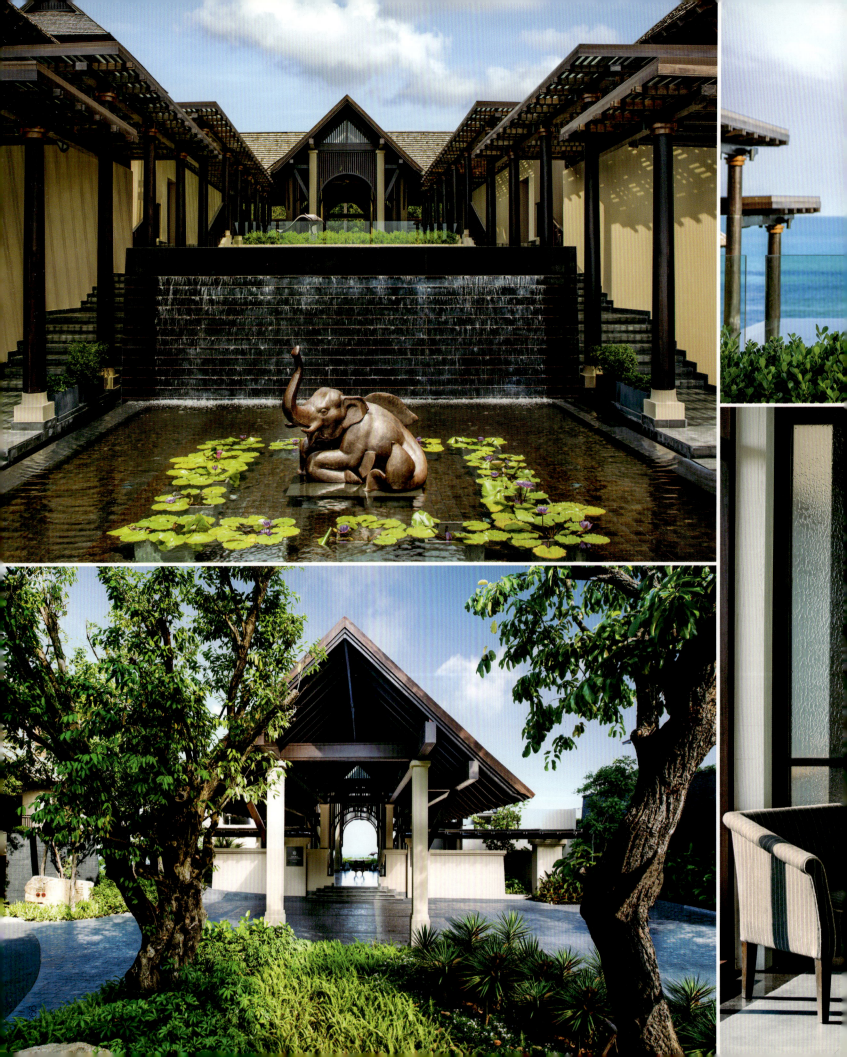

Avista Hideaway Resort & SPA, Phuket

泰国普吉岛阿维斯塔世外桃源度假村

（关键词：依山临水、多样风格）

度假村背靠山丘，三面环水，浪漫的滨海景观造就了项目的设计风格，目的是把室外景观最大化地引入室内，空间设计则采用多样的风格打造，为客人提供了一个多样体验的浪漫休闲空间。

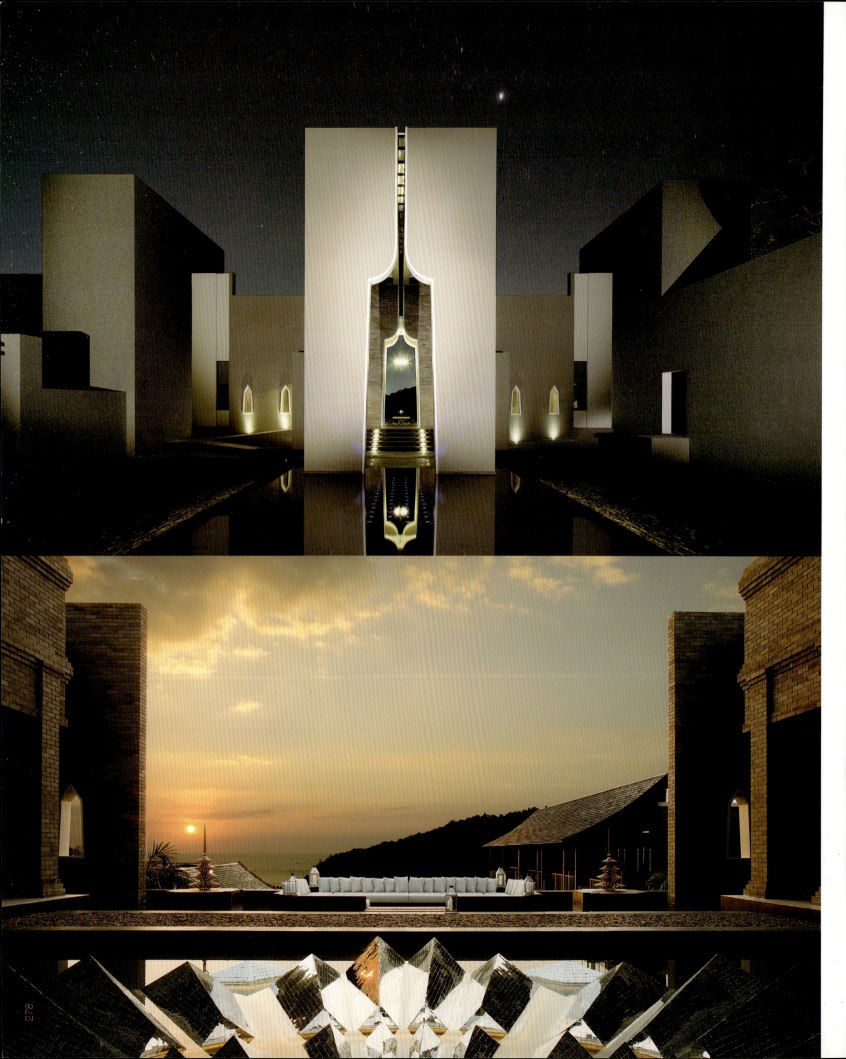

项目概况 阿维斯塔世外桃源度假村及水疗中心位于普吉岛一个和平宁静的丘陵之上,坐拥纯净绝美的安达曼无敌海景,地理位置优越,距离芭东海滩著名的娱乐休闲区仅有两分钟的车程。其无可比拟的地理位置和奢华舒适的设施为引进并完美融合印度阿育吠陀养生理疗创造了绝佳的条件。

酒店设施

度假村设有150间不同类型的客房,面积从55平方米到145平方米不等,都配有独立阳台和豪华复式酒吧,还有可观赏芭东和自由湾美景的双景私人按摩池套间,可通往崔唐、自由和芭东三大海滩的私家海滩俱乐部以及三大主题泳池。其中70平方米的按摩池套房设有私人露台、休闲区、植物观赏园和有机药草园;复式极可意按摩池套房带有两个私人阳台,面积达140平方米;最奢华的热带世外桃源泳池套房则提供一个145平方米兼具室内和室外现代泰式风格的居住空间。

依山傍水——浪漫海岛

度假村位于幽静隐秘的丘陵之上,坐拥芭东和卡隆海滩壮丽迷人的海景,依山临水。设计有着低调的奢华,围绕着极致体验的主题,建筑极具张力的设计细节在幽静隐秘的丘陵中独特不凡,融入了山水环境的气息,客房的设计把室外景观最大化地引入室内,营造浪漫休闲的海岛度假氛围。

业主:阿维斯塔酒店及度假村集团
项目地点:泰国普吉岛
主要材料:木、大理石、瓷砖、玻璃等
供稿单位:泰国阿维斯塔世外桃源度假村
采编:吴孟馨

阿维斯塔酒店及度假村集团是一个发展迅速的泰国本土豪华酒店品牌,力图以人为本,从不同的视角出发,呈现更具吸引力的顶级热带休闲度假新概念,提供更富吸引力的悠闲之旅。

空间设计——多样风格

度假村的设计风格以泰式风格为主,同时结合现代的时尚与动感。大厅随意摆放的沙发和皮椅、点缀的盆栽,共同营造出一种优雅舒适的浪漫海岛氛围。客房以多元的风格设计,既有传统的泰式风格,又有优雅的现代风格,呈现出多样化的空间。空间中每一处隐秘的位置,都展现着设计师的丰富想象。细节元素的使用呈现出别样的感性雅致,如吊灯、处处点缀的鲜花、木质皮质的桌椅以及棕色和金属色的组合等,木质内饰和现代软装的融合呈现出精致的画面。

设计以蓝色和白色为主调,与周围的海天环境呼应,木质家具和泰式风情的内饰,给房间增添浓郁的传统风情。

Viceroy Maldives Resort

马尔代夫维斯莱度假村

（关键词：私密空间、海景别墅）

马尔代夫维斯莱度假村把马尔代夫绝美的海景融入设计中，别墅与别墅之间有着充足的距离，不仅保证了游客们最大的私密空间，迷人的海景也能最大化地进入居住空间中，为客人提供舒适的体验。

项目概况 马尔代夫维斯莱度假村位于马尔代夫北部边缘的沙维亚尼环礁,距离马尔代夫首都马累和国际机场约192千米。度假村坐落在马尔代夫北部边缘的Vagaru私人岛屿上,原始沙滩上仅仅坐落着61栋别墅,环绕着蓝色泻湖,岛屿如群星般点缀着波光粼粼的印度洋。

业主:EoN Resorts and Mubadala Development Company
项目地点:马尔代夫沙维亚尼环礁
室内设计:Yabu Pushelberg
建筑设计:Hannan Yoosuf Architects
景观设计:LMS International
采编:汤文蕾

酒店设施

度假村的61栋别墅好似一个倒置着的当地传统的捕鱼船壳,占据着海滩和泻湖上的大片区域。度假村由61栋别墅组成,其中有32栋水上别墅,29栋海滩别墅。酒店一共有五个餐饮场所,其中位于中央的东非风格树屋餐厅设计独特,融入泛亚洲和西式风格的优雅牛排餐厅则时尚精致,同时设置了酒窖和主厨操作台。

别墅设计

设计师从岛上的自然风光和文化中获取灵感，只利用当地必要的元素进行设计，自然质朴的材料和图案加以现代方式的演绎，使得度假村散发出自然的奢华感。同时设计师为求与自然环境完美融合，将别墅的布局与动线规划列为设计重点，以求把绝美的滨海风光都融进设计与体验中去。每幢别墅的设计都保证了各自最大程度的私密，无论是在泻湖上，还是海滩边，别墅之间都有充足的距离，保证了私密空间。

水上泳池别墅悬在湖面上，每两栋之间都有足够的间距。宽敞的室内空间光线充足，同时又保证了亲密的氛围，从室内可以眺望平静的泻湖景观。池畔的分层甲板为放松身心提供了一个良好的场所，旅客们可以从这里潜入蓝色的水域。

在与世隔绝的水边，沙滩别墅四周葱郁茂密，为客人提供了舒适的生活空间。越过卧室宽敞套房的淋浴间和浴室，户外私家花园立刻跃入眼帘。这座私家花园拥有户外淋浴间和超大的阳台泳池，可以直接通向柔软的沙滩或生活区的空地。

豪华沙滩泳池别墅坐落在郁郁葱葱的花园和柔软的沙滩岛屿的边缘之间，窗外即是私人游泳池以及美轮美奂的海洋景观。每个豪华沙滩别墅都设置了宽敞的落地窗，高高的天花板直抵二楼的主卧室、宽敞的客厅以及坐落在私人花园的户外淋浴间。无论哪种居住体验，皆能一览窗外迷人的海景。

Park Hyatt Abu Dhabi Hotel and Villas

酒店坐落于波斯湾的海岸上,设计融入滨海风光元素,从整体的布局到室内的设计,无一不遵循对外开放、景观最大化的原则,弱化了室内与户外的界限,把迷人的海景引入室内的同时,把酒店整体融入波斯湾中去。另外,酒店十分注重环保,采用了一系列可持续的绿色设计。

阿布扎比柏悦酒店

(关键词:海岸风光、绿色环保)

项目概况 酒店坐落于波斯湾的海岸上,整体设计极尽奢华。本案是岛上的第一家酒店,目前被定义为一个国际化的文化和休闲场所。酒店的设施完善,包括私人沙滩、两个游泳池、主餐厅、特色餐厅和酒吧、沙滩餐厅、水疗会馆、会议厅及宴会厅。

▼ 总平面图

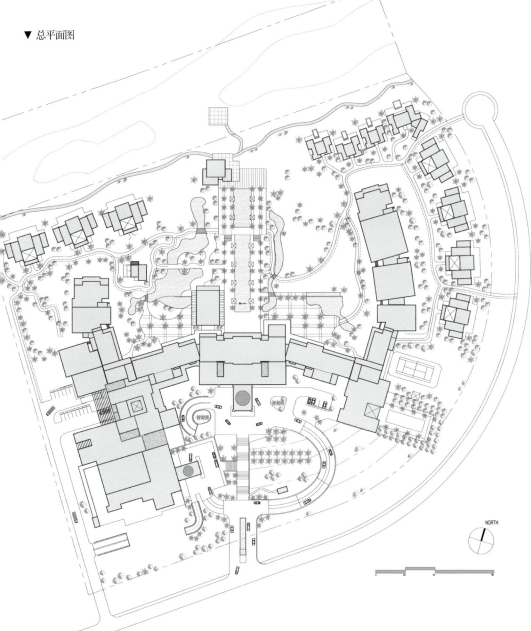

业主：凯悦酒店集团
项目地点：阿联酋阿布扎比萨迪亚特岛
项目面积：45 000平方米
建筑设计：Perkins Eastman
室内设计：Wilson Associates
景观设计：Cracknell
主要材料：自然石材、灰泥、木材等
摄影：Chris Cypert，Richard Butterfield，Svend Dyrvig
采编：汤文蕾

规划布局——滨海景观

酒店北面靠海，东面和南面与普莱尔沙滩高尔夫俱乐部球场接壤。宽敞的林荫大道沿着斜坡缓缓地上升，坡的另一头是架空的入口庭院，下方是花园、游泳池和沙滩。整体规划将不同功能区域分散在数栋建筑之内，同时通过景观元素、庭院、廊道和花园等设计加以联系和过渡。

酒店共有270间客房，其中大多数房间分布在酒店的主建筑内，每一间客房都可以欣赏到海面的美景，并且通过走廊直接连接酒店内部的庭院。其他的客房以辐射的方式沿着沙滩零散分布，四户一层，并通过入户庭院相互连接，进一步强调了排外性和私密性。

大厅边缘的露台上分布着酒吧和休息厅,从这里可以俯瞰下方的游泳池、花园和大海。特色餐厅位于沙滩上的主建筑内,外部是一个大大的户外用餐平台。酒店的主餐厅位于家庭式游泳池畔独立的凉亭内,远离酒店的主建筑,并拥有数个宽敞的户外用餐区。

花园轴线的尽头还有一个游泳池、一个瀑布,俯瞰着无边无际的海滩。私人跳水池掩映在池畔葱葱郁郁的景观内。

宴会厅和会议室远离酒店的主入口。舞厅和社交场所分布在更低的楼层,有私人的落客区和入口,还有一个多功能露台和草坪,从这里可以俯瞰南面的高尔夫球场。在大厅的上层,数个精心设计的会议室围绕在中心庭院的四周,形成酒店的会议住宅区。

▼ 酒店立面图

▼ 沙滩房平面图

▼ 皇家花园别墅立面图

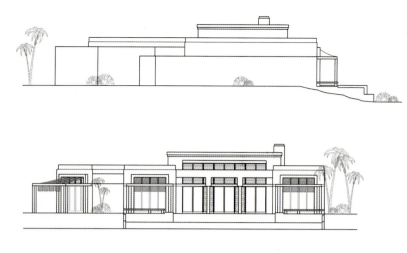
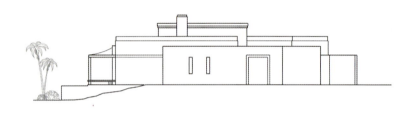

▼ 皇家花园别墅平面图

建筑设计——开放与环保

建筑的设计采用沉稳的中性色调,表达对当地建筑的敬意,同时又将受地域与文脉启发的当代元素融入设计中。木质屏风融合了当地图案和其他水平线条,使得建筑与室内同时对户外的景观开放。设计刻意弱化室内外的界限,同时十分注重对生态环境的保护。例如,灰水通过回收之后被用来灌溉,同时对海水进行淡化处理以供应饮用水,利用重组的遮阳设备减少热增益效应。

室内设计——奢华艺术

酒店的室内设计充满视觉美感。入户大厅大花板上的巨型雕塑由3 000根铜管组合而成，使人想起倒置的沙丘。夜晚，灯光沿着雕塑泻下，如流动的瀑布般充满生机。在"沙丘"的下方，起居室一般的坐席区可以欣赏到户外沙滩和海洋的美景。这个区域被比喻成为一个"漂浮岛"，两边各成一景，从此处的楼梯可以抵达更低的楼层。

图书馆以爱马仕的盒子为参考原型，橙色的皮墙与巧克力色的陈列柜相得益彰，同时加入了壁炉、白色真皮沙发、皮椅，形成隔离的对话区。落地窗的旁边摆放着老式黑白照片，为空间注入更多的魅力和历史内涵。

► 大堂平面图

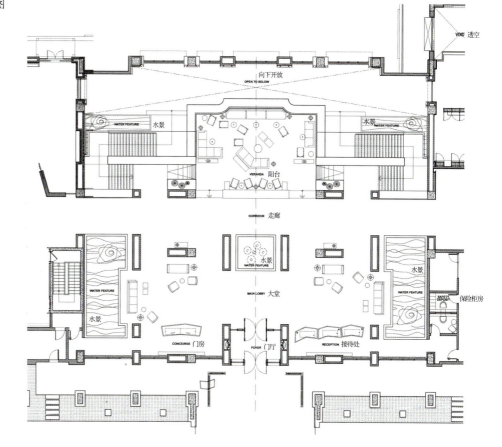

▼ 大堂吊顶天花板平面图

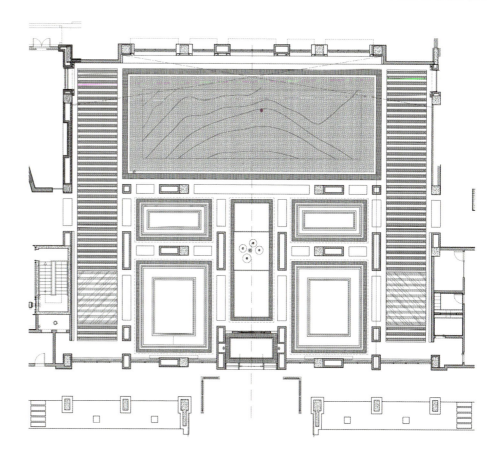

全天候用餐场地是对野餐概念的一种现代诠释。空间内的球形灯光设计既大胆又时尚。相反,海滩别墅则显得轻盈且通风良好。它诠释了一个沿海漂流木的主题,采用合成纤维、轻质木材、光滑的鹅卵石和创意的照明瓶子打造了一种类似"漂流瓶"的概念。酒吧和烧烤餐厅共有两层,构成一个红色与黄色的光影世界。

Atarmia水疗中心采用土色的基调，与酒店其他明亮而又舒缓的空间形成鲜明的对比。墙上精致的浮雕和板岩地板上闪烁的石英片暗示客户们放松身心，尽情享受春天般浪漫舒适的生活。

客房内运用了大量丰富的材料和纹理，宽敞且现代的空间内既可以发现硬朗的外观，又可以看到阿拉伯地区精致的图案。起居室和卧房内浅色的橡木地板与浴室内丰富的中国波状熔岩大理石形成了鲜明的对比。

Anantara Bali Uluwatu Resort & SPA

巴厘岛乌鲁瓦图安纳塔拉水疗度假村

（关键词：巴厘岛风景、优雅格调）

酒店利用面朝印度洋的地理优势，和谐地融入周围环境，犹如景观的有机组成部分。设计中所有套房和别墅都能一览无余地欣赏到印度洋美景。同时结合时代特色与当地文化，将优雅的设计与巴厘岛当地艺术的缤纷色彩融为一体。

项目概况 巴厘岛乌鲁瓦图安纳塔拉水疗度假村坐落在悠闲僻静的巴厘岛南岸。巴厘岛拥有美丽的自然景观、令人目眩神迷的文化,是向往宁静和悠闲度假的天堂。酒店融入本土自然元素与当地文化,为旅游度假者提供了一个令人神往的目的地。

酒店设施

酒店拥有74间现代巴黎风格的海景套房和池畔私人别墅。

海景泳池套房将宽敞的海滨泳池接入位于一层的套房。经典巴厘岛别墅有郁郁葱葱的热带花园,每栋别墅各自独立,面积296平方米,采用现代室内设计,建筑典雅别致,室外花园五彩缤纷。花园泳池别墅在专属的环绕式热带花园中设有一个豪华的私人泳池,采用了玻璃墙面、硬木地板和引人注目的巴厘岛艺术来增加空间感。海滨泳池别墅地理位置优越,靠近悬崖峭壁,俯瞰大海。两卧室别墅面积296平方米,三卧室海滨泳池别墅室内面积330平方米。

海景别墅——优雅格调

酒店房间设计和谐地融入周围环境,犹如景观的有机组成部分。楼内所有套房和别墅都能欣赏到印度洋美景。

楼层较低的"滨海"套房距海更近,位于度假村边缘陡峭的海崖附近,位置绝佳,能欣赏壮观的印度洋海景。每栋别墅设计完全融入自然景观中,随着悬崖地形巧妙地建造,让人为之惊讶。每栋别墅均配有具有巴厘岛风格的凉亭和花园。为了保持与度假村整体的自然风格一致,室内装潢就地取材,采用硬木地板、岩石和玻璃等材料,将优雅的设计与巴厘岛艺术的缤纷色彩融为一体。现代简约风格的建筑设计更突出展现了巴厘岛的自然美景。

业　　主:Frans Hasjim
项目地点:巴厘岛金巴兰海滩
项目面积:17 000平方米
设计公司:Budiman Hendro Purnomo of Indonesia's DCM
摄　　影:Agus Pande和Sulthon
采　　编:汤文蕾

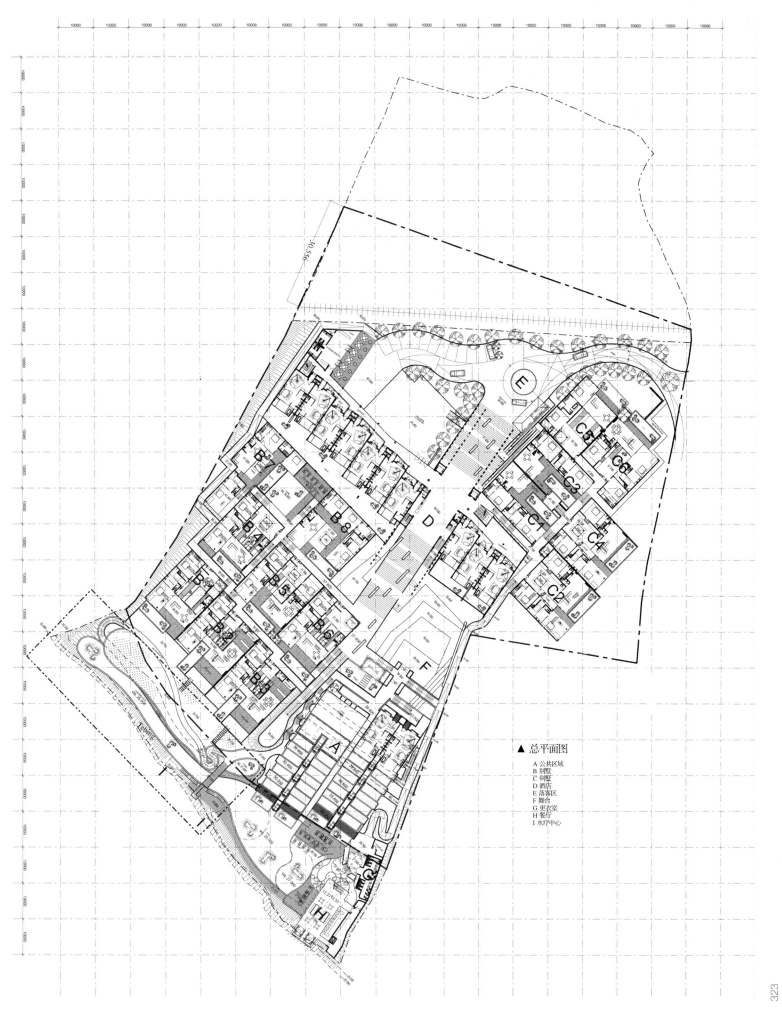

▲ 总平面图

A 公共区域
B 别墅
C 别墅
D 酒店
E 落客区
F 舞台
G 更衣室
H 餐厅
I 水疗中心

Visit the Top Bush Hot

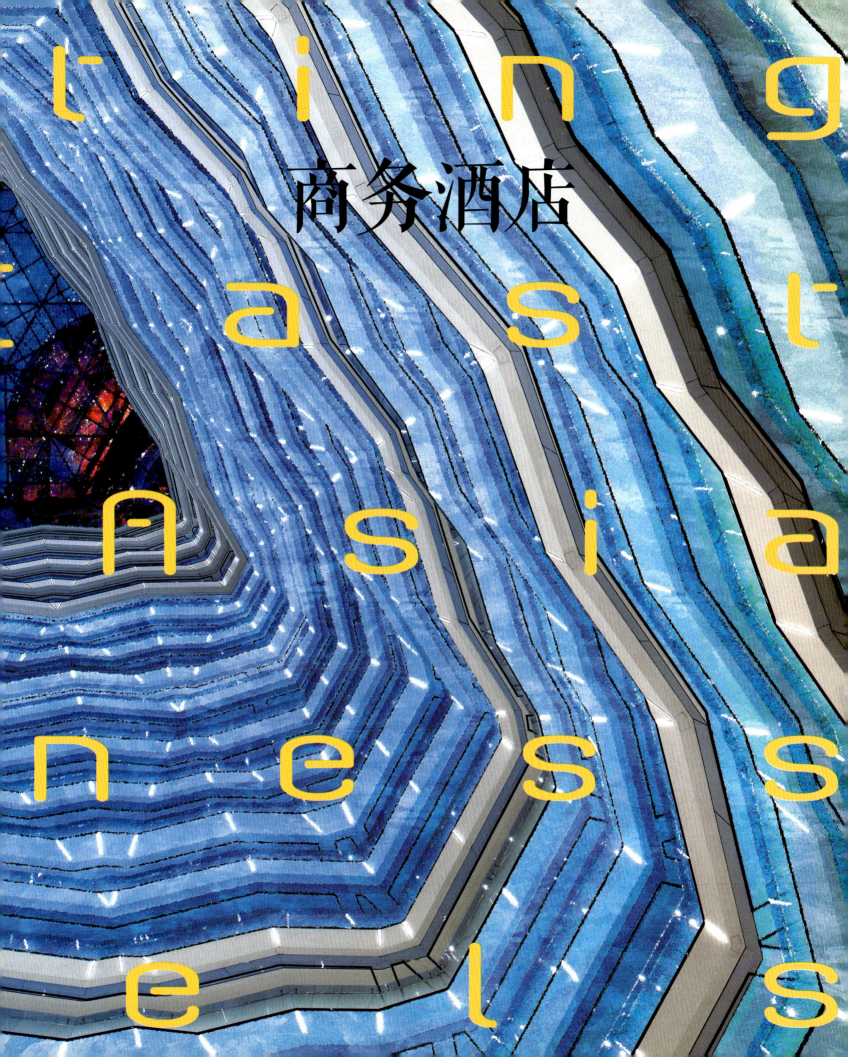

商务酒店主要针对商务人群进行定位，具备高品位、舒适、
三方面与"商务活动"及时协调的需要，商务酒店完全围绕
植根于文化，或以独特新颖的主题概念来展现其魅力。

本土文化的传承与创新
在商务酒店设计中，本土文化的融入能丰富酒店的人文内
群，要求在继承本土文化的同时更要着力于创新，只有不
的、与时俱进的特色商务酒店。

新颖独特的设计概念与主题
在商务酒店飞速崛起的现代社会，突破标准、高端、豪华的
出与众不同、具有差异性的商务酒店，使其拥有一个独特
力。也由于商务酒店的定位与所针对的人群使大多数的商务

尚等特性。为了充分满足现代商务人士工作、生活、休闲"商务"的核心要求运作。一个有特色的商务酒店，同样要

与精神价值。但是，由于商务酒店的定位与特定的消费人创新，才能显示其巨大的生命力，才能创作出有文化品位

式，依靠独特、有创意、前卫的个性化主题与服务，创造、无法复制的主题与概念，往往成为商务酒店的核心竞争店设计通过主题与概念来营造与众不同的酒店文化。

P334 日本东京皇宫酒店

之

本土文化的传承与创新

Palace Hotel, Tokyo

日本东京皇宫酒店

（关键词：日式体验、人文景观）

东京皇宫酒店旨在融合文化与设计，将酒店悠久的历史与现代美学完美地结合在一起。通过强调五种感官，展现了日本文化传统的丰富性，处处蕴涵低调的日本美学。同时将酒店周边的景观与人文景点引入室内，打造出优雅的日式酒店。

业主：皇宫酒店有限公司
项目地点：日本东京
项目面积：62 000平方米
设计单位：GA Design International, Mitsubishi Jisho Sekkei, MEC Design International
供稿单位：东京皇宫酒店
采编：谢雪婷

项目概况 皇宫酒店位于东京的市中心，地处东京中央商务商业区的丸之内和大手町地区。可俯瞰日本皇宫的护城河及园地，眺望著名的皇居美景。酒店距离高级购物街区——丸之内仲通街、日本桥金融中心和著名的银座购物区仅有数步之遥，不远处即城市主要交通枢纽——东京站以及国际论坛会议中心。酒店是一幢23层高的建筑物，拥有大量会议及功能空间，一个室内游泳池、一个一流的健身中心、一个依云水疗中心和俱乐部休息室。290间宽敞的客房均能欣赏到城市风景。客房分为12类，从豪华客房（面积在45~55平方米之间）到套房（规模在75~255平方米之间）档次不等。多数客房都带开放式浴室。半数以上标准房和套房均拥有露天平台和阳台。所有客房都可以欣赏到东京御花园及周边城市天际景色。

日式文化——本土元素

设计的初衷是打造一个奢华的酒店,为旅客提供纯正的日式体验。设计的纲要是打造一个充满回忆的酒店,使其真实反映周边的环境和文化。所有的细节都反映了酒店所在地的文化和历史背景。

进入酒店,首先映入顾客眼帘的是空灵的中庭里双倍高的天花板、大胆的现代艺术和可以俯瞰护城河的玻璃幕墙。灰色的大理石遍布整个公共区域,展现出"力量与和谐"的美感。定制的黛绿色手工绒毛地毯灵感来源于传统和服的面料。黑檀木门框和护墙板仿照附近的大皇宫的大手门,形成公共区域的入口。绿色和樱花红成为室内的主要色调,展现最传统的日本印象。

在接待处,高大的艺术画廊墙壁上装饰着日本传统水墨画,引导人们进入酒店主厅。宽度为8米的艺术长廊贯穿整个首层空间。在景观落地窗外,枫树成为画面的主角,展示别样的美丽。

Palace Lounge是酒店唯一的茶室,它的设计完善了整个广阔的主厅空间。6米高的书架、白色的钢琴和大壁炉营造出家的温馨,而黑檀木和镜子使得整个空间显得富丽堂皇。

酒店内展示了大量代表本土文化的艺术品,包括将近1 000幅油画、水彩画、玻璃制品、金属制品和其他艺术作品。

特色餐饮设施——向传统致敬

酒店拥有数十家餐厅和酒吧。Crown是一家纯正法式餐厅,Amber Palace是一家提供上海菜和广东菜的餐厅。酒店的特色餐厅Wadakura位于六楼,将日本的传统工艺和建筑材料与现代艺术诠释完美结合在一起,展现了创新的工艺技巧。

酒吧位于茶室旁边一个僻静的角落里,是一颗"隐藏的宝石"。酒吧的设计向原皇宫酒店的第一任调酒师Kiyoshi Imai致以崇高的敬意。Imai原来调酒用的木吧台桌面被完整地保留下来,重新刷漆之后又用在新的酒吧里。从原皇宫酒店回收的玻璃冷酒装置被摆放在吧台的后方。

从酒吧的正面望去,包裹着紫红色皮革的木墙和配套的凳子在微光里显得格外迷人。在靠墙的位置,通高威士忌酒柜巧妙地以内部装置照明,照亮整个空间。酒吧的对面摆放着1米高的艺术品。木质天花板高5.2米,下方悬挂着各种长度的吹制玻璃灯饰。墙上的树木花饰窗格、绿叶形酒吧和酒店的深绿色手工绒毛地毯,无不与自然形成呼应。

城际景观——文化气息

设计面临的挑战是如何打造恰当的空间,使其能够从远处观望到城市繁荣景象的同时又享有静谧的环境。设计整体概念是打造华丽与优雅并存的酒店,以此衬托周边优美的自然环境和独一无二的日本文化。接待区的景观窗口可以眺望景观花园和围绕皇宫的Wadakura护城河。落地玻璃窗将室内外景观完美融合在一起。

绿景和护城河水在墙上形成艺术剪影,人们只要待在室内便能感受到四季的变化。透过大堂宽大的玻璃窗,客人可以尽情享受窗外宁静优美的松树园林。

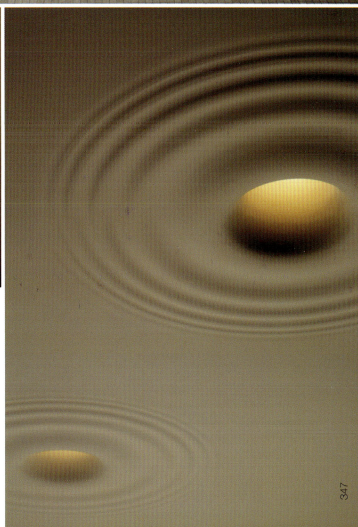

特色设计

皇宫酒店引入了日本第一个依云温泉浴场。位于五楼的依云温泉浴场占地面积为1 200平方米,是日本第一家温泉SPA。浴场内共有5个疗养室、1间温泉套间和男女隔离的休息室。男性浴室内提供热水浴、斜倚浴、冷水浴和干蒸桑拿,女性浴室则提供热水浴和大理石桑拿。

水疗中心的设计隐喻浴场的天然矿泉水取自阿尔卑斯山脉,接待处零散分布的石头暗示泉水的来源——山头,而治疗室内的天花则代表水池里的波纹涟漪。

P352 广州W酒店
P366 广州四季酒店
P384 深圳摩登克斯酒店
P394 东莞大象酒店

新颖独特的设计概念与主题

W Guangzhou

广州W酒店

（关键词：都市潮流地、新颖创意）

广州W酒店通过其独特的前沿建筑设计和现代内饰风格，将广州的历史文化特色与现代都市风情融汇交织在一起。酒店大胆地采用了不对称外观设计，各个主要内部空间都有各自独特的设计理念，它们结合在一起营造出丰富多元的感官体验，体现出广州这座古老城市在中国现代化改革进程中的地位。

项目概况 广州W酒店坐落在广州欣欣向荣的珠江新城区。这里是娱乐、商业和设计的潮流中心,发展极为迅速。众多的全球500强企业和豪华购物商场与一些中国最古老的文化遗产并肩屹立。酒店拥有317间客房与套房,带来全方位的现代时尚生活方式体验,巧妙映射出广州这座古老城市在现代经济爆发式增长过程中的独特活力与个性。

业主:合景泰富地产控股有限公司
项目地点:广州市珠江新城冼村路中68号
建筑设计:80 000平方米
占地面积:7 000平方米
室内设计:YabuPushelberg、Glyp Design Studio、AFSO、A.N.D、DesignWilkes

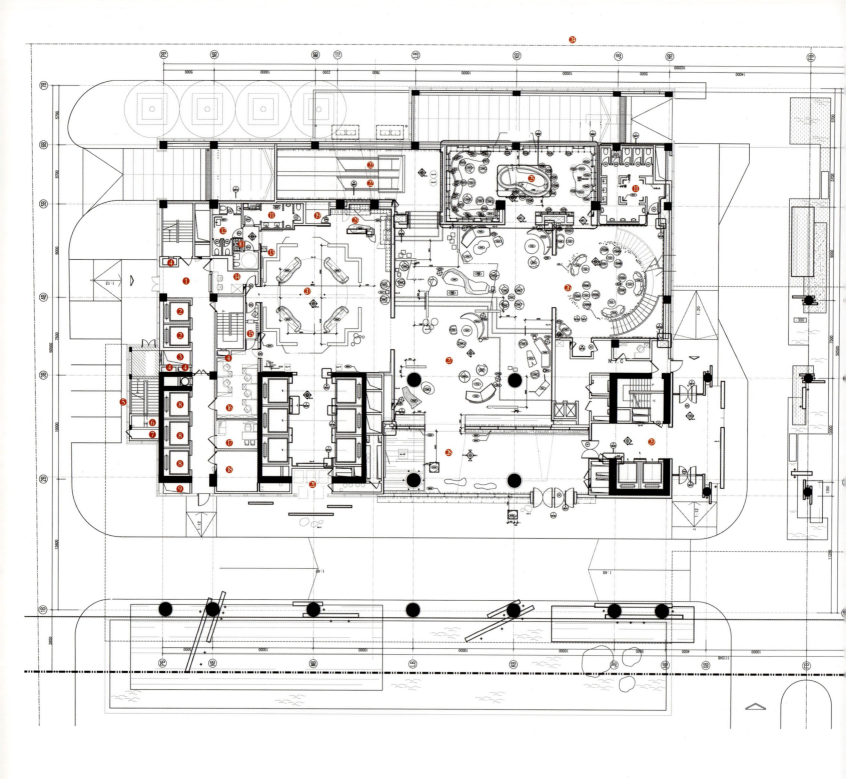

新颖设计——时尚精致

广州w酒店的设计灵感源自本地区繁复精妙的缂丝和广州长期以来作为商业与文化中心的悠久历史，各个空间巧妙组合，运用丰富色彩、创意装置、炫丽照明和灵动材质，打造出不同空间之间极具震撼力的对比效果。

酒店大胆地采用了不对称外观设计，时尚无比的黑色玻璃外衣下穿插着精心安排的挖空和明亮玻璃元素的点缀。色彩、灯光与一层又一层的结构交织出一曲充满活力、时尚别致的现代交响乐。

创意装置——动感活力

酒店的各个角落还精心安排了许多创意装置，包括酒店入口处让人叹为观止的三层高的"照明流水景观墙"。这一装置受印象派画风启发而设计，是灯光、线条与色彩以液态形式交错、碰撞与层层演进的杰作，大大提升了酒店入口处的活力与动感。

其他装置也都融汇巧妙设计与实用功能性，包括酒廊休闲区域的悬挂鸟巢装置。该装置由一个抬高的走道支持，上下分别以细金属条固定悬挂在空中，打造出一个极具轰动效应但又私密亲切的空间。

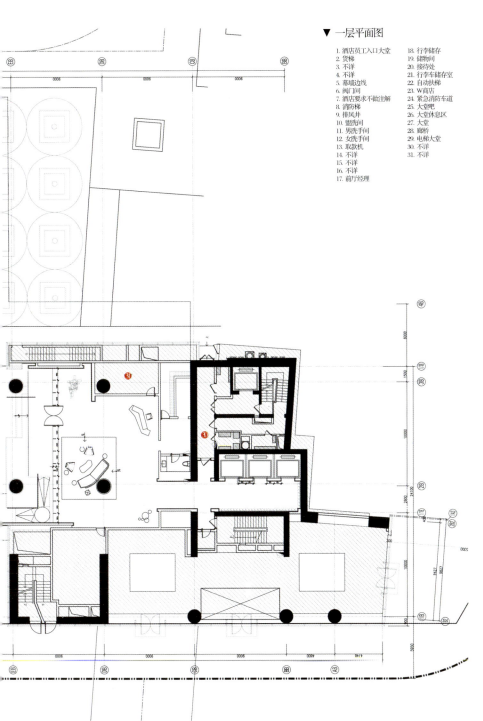

▼ 一层平面图

1. 酒店员工入口大堂
2. 货梯
3. 不详
4. 不详
5. 幕墙边线
6. 阀门间
7. 酒店要求不做注解
8. 消防梯
9. 排风井
10. 盥洗间
11. 男洗手间
12. 女洗手间
13. 取款机
14. 不详
15. 不详
16. 不详
17. 前厅经理
18. 行李储存
19. 储物间
20. 接待处
21. 行李车储存室
22. 自动扶梯
23. W商店
24. 紧急消防车道
25. 大堂吧
26. 大堂休息区
27. 大堂
28. 廊桥
29. 电梯大堂
30. 不详
31. 不详

酒店特色——"宴遇"兰花

酒店的特色中餐厅"宴遇"的灵感源自因丰富的色彩品种而在亚洲备受珍视的兰花。餐厅内部采用珍珠白主色调，每一间包房都采用了一种兰花的颜色，流露出灵动的气息。

NOTES

作为一个以设计为主导的当代时尚生活品牌与酒店行业创新者,W酒店已在全世界最具活力的城市与最富情调的旅游胜地创立了44间酒店与度假酒店。每一间酒店都提供独特的创意设计和围绕时尚、音乐和娱乐而进行的热门活动。W酒店还提供一系列感官潮流体验,包括现代概念餐厅、魅力娱乐生活、时尚零售店和特色水疗,为宾客带来全方位的生活体验。

Four Seasons Hotel, Guangzhou

广州四季酒店

（关键词：摩登奢华概念、四季主题）

广州四季酒店凭借其高耸入云的高度，突破传统，融入奢华与前卫的设计概念，既突破设计界限，亦大胆挑战传统酒店装潢的既有模式，在独特的高空中把"四季"的主题鲜明而深刻地传达出去，营造出精美的视觉效果与摩登奢华的空间感，同时融入本土特色，完整体现四季酒店品牌的精粹。

项目概况 广州四季酒店坐落在风光旖旎的珠江河畔、高103层的广州国际金融中心主塔楼顶部的30层。其建筑独特之处体现在下阔上窄的三角锥形大楼、引人注目的结构系统及对角网格线上,宏伟的中空大堂从70层直穿100层,气派非凡。

业主:四季酒店集团
项目地点:广东广州
项目面积:3.1万平方米
设计单位:Hirsch Bedner Associates(HBA事务所)
主要材料:红色水晶吊灯、黑色抛光石材
供稿单位:Hirsch Bedner Associates(HBA事务所)
采编:罗曼

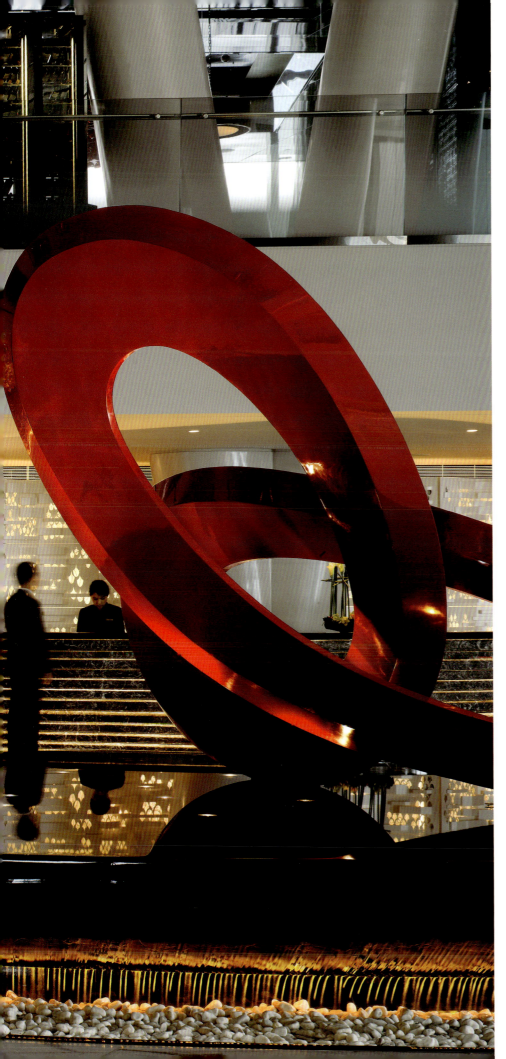

> 四季酒店是一家世界性的豪华连锁酒店集团，在世界各地经营酒店及度假区，被评为世界最佳酒店集团之一，并获得AAA5颗钻石的评级。四季酒店集团总部设于加拿大多伦多，1960年由Isadore Sharp创办，首间酒店设于多伦多市Jarvis街。
>
> NOTES

四季主题——摩登与奢华

酒店室内装潢既优雅又摩登，踏入位于70楼的酒店大堂，三米高的红钢雕塑随即映入眼帘，仿佛置身于玻璃般的水面，映照出30层高以上的天窗倒影。以天然光照明的中庭，上层由餐厅及客房环抱，形成震撼的视觉效果。

错综复杂的金属交织而成的巨型屏风，环拥酒店大堂。屏风以四季为题，巧妙地对照出酒店的品牌名称。春季位于底层，而秋季位于较高层。设计师指出："酒店内的艺术品种类十分丰富，大多延续了四季主题，底层为春季，顶层为冬季。"以位于99层的"天吧"为例，该处的艺术品灵感源自天堂，纯洁、雪白、飘逸。

酒店主要选用摩登意大利式家具，并配以当代中国艺术品，为空间添上自然及文化元素。度身打造的地毯，恍如一幅幅水彩画，展现天空云彩之美。为此，设计师致力于透过光线充足的偌大中庭，将四季酒店的"摩登经典"特色与建筑物的前卫设计互相调和，别具戏剧效果。

灵感设计——"拥抱高度"

在设计过程中,设计团队需要克服的主要挑战是将结构复杂的圆柱与酒店的所有公共空间及104间客房及套房内的室内装潢互相配合、融为一体。由于建筑物下阔上窄,圆柱相交点各有不同,所以酒店每个空间的平面结构均独一无二。唯一不变的是每间客房的浴室及睡床位置均能饱览珠江三角洲及广州市的美景,落地玻璃大窗设计让宾客尽情俯瞰一望无际的风光。

设计为每层度身打造的中庭楼梯扶手,酒店顶端以黑镜板组成的几何图形天窗,营造出各种有趣的折射和反射面。此效果于室内走廊更显强烈,倾斜的多角玻璃稍微向外伸展,更突显"拥抱高度"的意味。强烈的高度感于100层的天桥上更显淋漓尽致,一道透明玻璃天梯架在高空之中,踏在其上,可俯视100层楼以下的大堂。

延伸设计——传统特色

除了"天吧"之外,设计团队也为"愉粤轩""意珍"及"云居"——酒店四个全新餐饮场地的其中三个打造出华丽装潢。位于71层的特色中餐馆"愉粤轩",其设计概念在整个项目中可谓独树一帜,其中充满中国书法元素,以中国龙之红色作画龙点睛之笔,将传统特色与创新思维相互融合,完整体现出四季酒店设计的精粹。

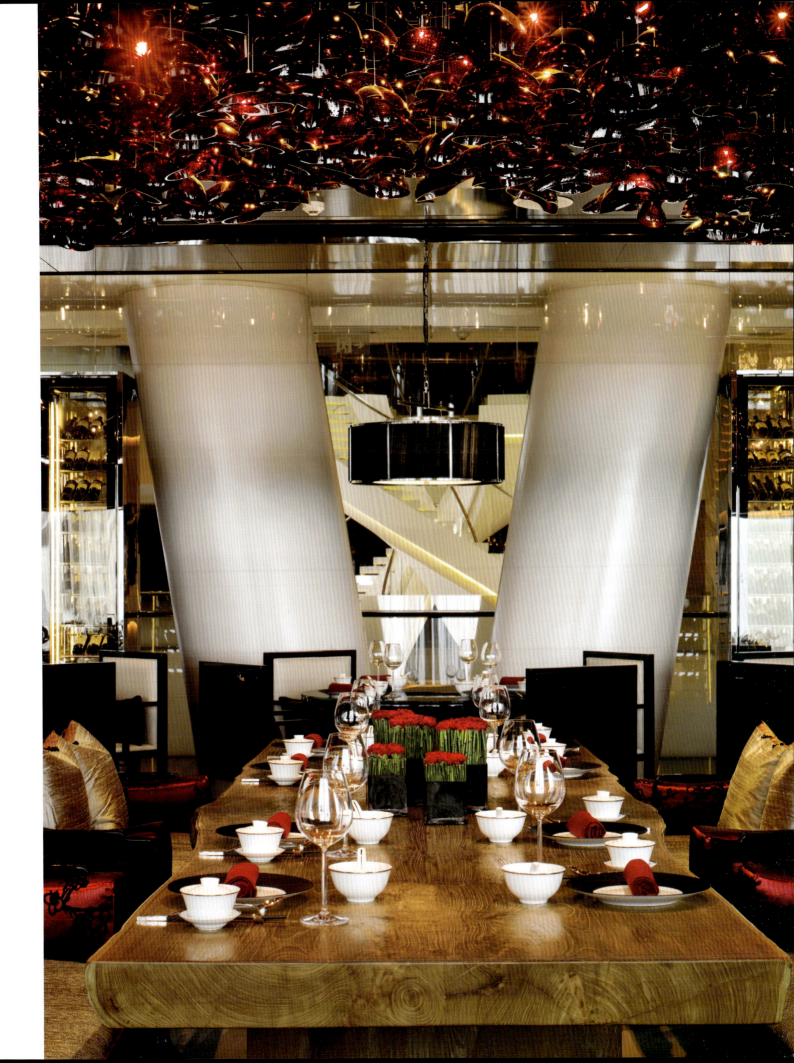

Modem Classic Hotel, Shenzhen

深圳摩登克斯酒店

(关键词:电影片段主题、时尚动感体验)

酒店设计理念以"电影片段"为主题,以明快的风格为主调设计,处处展现动感、时尚、科幻的元素。酒店拥有五种独具风情的客房,亦真亦幻的色彩让客人在此体会到"穿越"的快感。

项目概况 摩登克斯酒店坐落于时尚魅力之都——深圳，和世界顶级奢侈品牌汇聚地——万象城齐肩，与京基100、地王大厦等地标性建筑咫尺之隔，交通非常便利，地理位置优越，融住宿、购物、美食、休闲、娱乐等资源为一体，提供一站式服务。

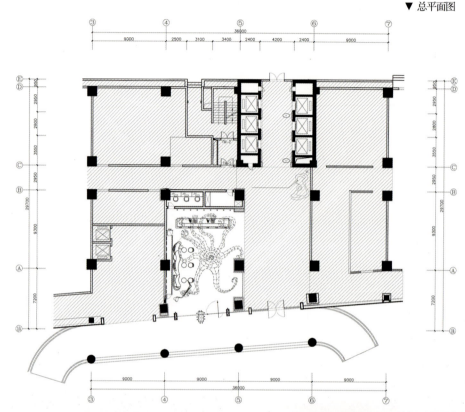

▼ 总平面图

电影主题——动感空间

深圳摩登克斯酒店的设计理念是围绕"电影片段"的主题，如"创战纪""盗梦空间"等电影片段，将生活与梦想相结合，以明快的设计风格为主调进行设计。

电影元素贯穿整个酒店，一入大堂，迎面而来的冲击力让人止步观望，融入蝙蝠侠元素的大堂顶灯，动感、霸气，还有大堂中酷似"蜘蛛侠"的天花设计、充满着电影色彩的蓝色走廊、效果逼真的科幻数码房等。设计师在表达空间色彩时非常清楚空间的整体色彩是什么样的，对主色和次色在空间的比重关系进行全方位、多层次的构思设计。

家具的摆设、灯光的点缀、空间的布局、色调的搭配、节能灯光技术的创新导入，使酒店整体风格呈现出典雅、现代、时尚的特征。

业主：涵丰实业
项目地点：深圳罗湖区宝安南路1036号
项目面积：13 000平方米
设计公司：HHD国际|假日东方（酒店）设计机构
设计师：洪忠轩
主要材料：石材、玻璃、LED灯
摄影师：陈中、井旭峰
采编：陈惠慧

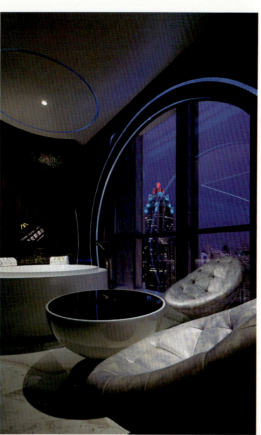

主题客房——各具风情

酒店拥有五种时尚而富有灵感的精品客房160间。简约时尚房、欧陆风情房、精致现代房、神秘中东房、科幻数码房，五种装修风格的主题客房完全满足了对酒店的一切需求。

舒适的地毯和时尚西式家具的搭配相得益彰；神秘中东房中，中东风格的家居和装修给客房蒙上了一层神秘的面纱，加上神秘的中东文化特色，使空间散发出略带妖媚的异国情调；科幻数码房中，逼真的照明效果，独特的蓝白搭配，让人感觉仿佛步入一个充满想象力的殿堂。

酒店特色——"无国界"餐厅

位于20层的"无国界"餐厅，如其名，装修尽显"跨界"，餐饮同样"跨界"。餐厅以自助餐为主，可容纳118人同时用餐，空间结构不讲常规，色彩布置大胆强烈，选材搭配刚柔并济，营造出温馨不失情调的氛围。开放式厨房拥有各国美食，实现真正的餐饮"无国界"。

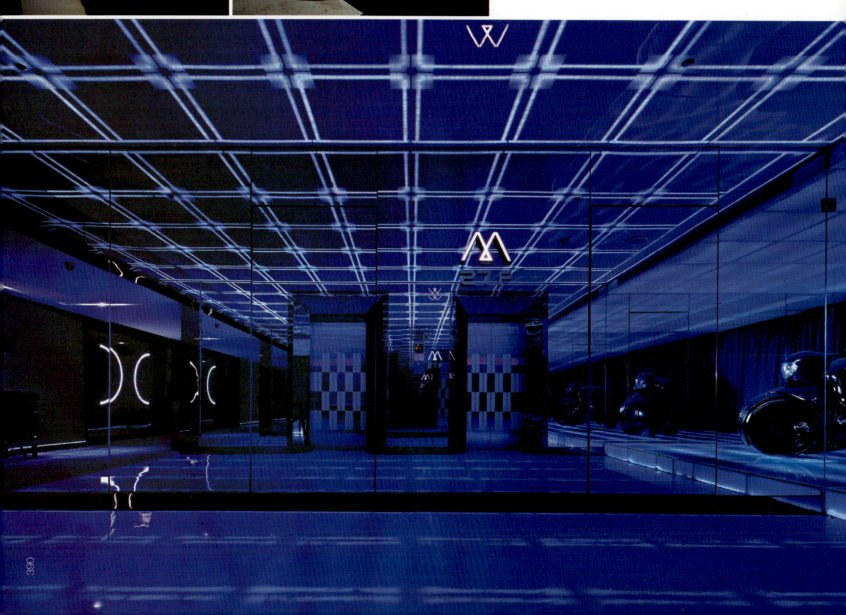

▼ 27层平面图

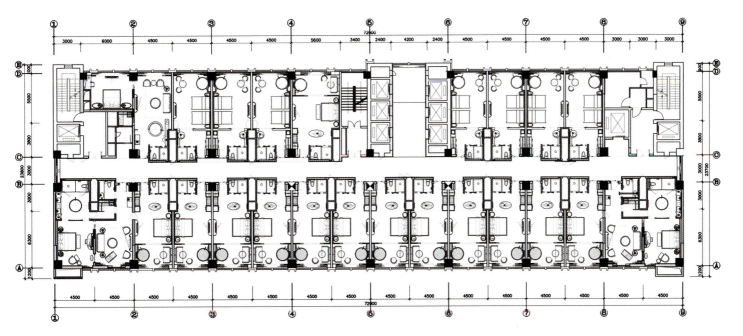

Elephant Hotel, Dongguan

东莞大象酒店

（关键词：现代品质、简约原则）

东莞大象酒店定位为纯商务酒店。酒店的整体设计遵循简约典雅的原则，营造出既富有现代气息又不失高贵典雅的空间氛围，同时还很好地融入了一些中式传统元素，使空间更为高贵雅致，体现出简单即是美的意境。

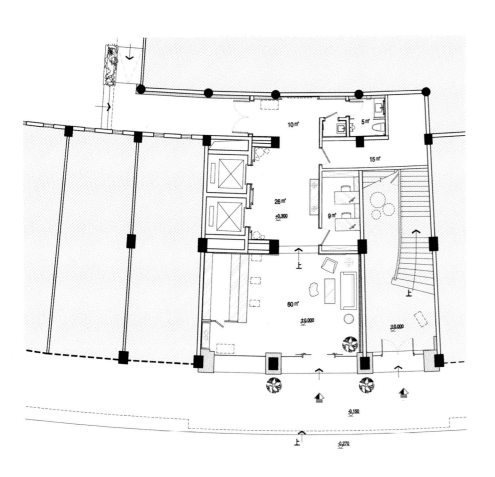

品质空间——简约优雅

根据纯商务酒店的性质与主题，整个酒店的平面布局以弧形方式展开，使酒店的动线空间具有曲径通幽的神秘感，这样的设计既有娱乐性，又能很好地满足住宿的私密性。

酒店的设计风格既富有现代气息又不失高贵典雅，同时还很好地融入了一些中式传统元素，体现了美学的一脉相承和继往开来，使酒店装修具有持久的魅力。

位于酒店七层的餐厅，其设计融合了西方的高贵典雅和东方的审美情趣。精致到每一个细节的家具和配饰设计，处处贯彻简约和高雅的原则。整个空间不拘泥于某种设计风格，但又恰如其分地表达了最具价值的文化理念。

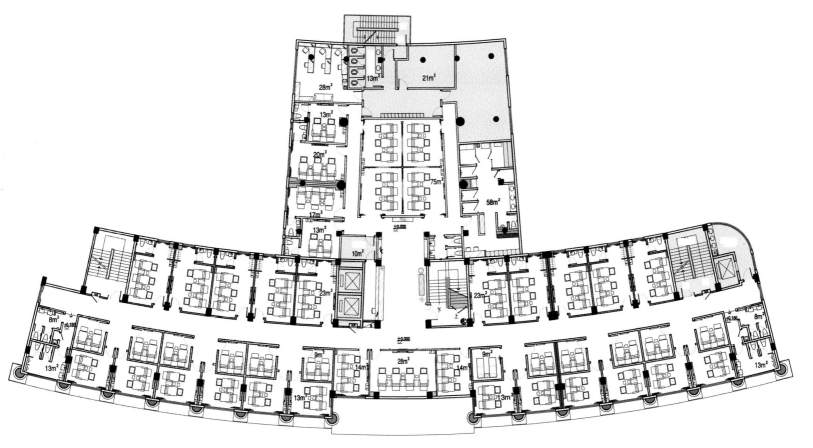

项目地点：广东东莞
设计单位：H&H设计机构
项目面积：20 000平方米
所用材料：银白龙大理石、瓷砖、人造木、墙纸、地毯、玫瑰金金属
供稿单位：H&H设计机构
采编：陈惠慧

项目概况 东莞大象酒店是按国际星级标准投资兴建的纯商务酒店。酒店位于东莞市长安镇中心区,邻近长安镇政府,是广州至深圳的黄金区域经济地带,南侧与深圳特区接壤,距深圳宝安国际机场约20千米、西侧与虎门邻近,地理位置独特,交通便捷。